本书系国家社科基金"黄河重要水源补给区生态红线的划定及民族地区经济转型发展研究"（项目编号：15XMZ090）资助项目

西北地区地热资源评价及温泉旅游开发研究

温煜华 ◎ 著

GEOTHERMAL
RESOURCES
IN NORTHWEST CHINA

中国社会科学出版社

图书在版编目（CIP）数据

西北地区地热资源评价及温泉旅游开发研究／温煜华著.—北京：中国社会科学出版社，2021.8

ISBN 978 - 7 - 5203 - 8663 - 0

Ⅰ.①西…　Ⅱ.①温…　Ⅲ.①地热能—资源评价—研究—西北地区②温泉—旅游资源开发—研究—西北地区　Ⅳ.①TK521②F592.74

中国版本图书馆 CIP 数据核字（2021）第 124359 号

出 版 人　赵剑英
责任编辑　耿晓明
责任校对　杨　林
责任印制　李寡寡

出　　　版　中国社会科学出版社
社　　　址　北京鼓楼西大街甲 158 号
邮　　　编　100720
网　　　址　http://www.csspw.cn
发 行 部　010 - 84083685
门 市 部　010 - 84029450
经　　　销　新华书店及其他书店

印　　　刷　北京明恒达印务有限公司
装　　　订　廊坊市广阳区广增装订厂
版　　　次　2021 年 8 月第 1 版
印　　　次　2021 年 8 月第 1 次印刷

开　　　本　710×1000　1/16
印　　　张　15.5
字　　　数　238 千字
定　　　价　85.00 元

前　　言

　　地热资源是一种可再生的清洁能源，开发利用地热能对于调整能源结构、保护生态环境，推动绿色发展具有重要意义。随着我国综合国力的提升，人们对生活质量的追求也日益迫切，温泉旅游也受到了越来越多人的青睐。地热资源和温泉旅游开发是新时代经济社会发展的优势产业，是环境友好型社会建设的有效支撑。西北地区既有板内隆起断裂型地热资源，主要分布在阿尔泰山、天山、昆仑山、祁连山、秦岭断裂带等；又有板内沉积盆地型地热资源，主要分布在塔里木盆地、准噶尔盆地、柴达木盆地、银川盆地、关中盆地等。西北地区地热资源丰富，分布广，类型全，开发利用潜力巨大，但是对于西北地区地热资源和温泉旅游的系统性研究较少。在大力推进绿色发展、推动能源结构调整的背景下，地热资源以其清洁、稳定、可循环利用的优势而成为新能源的重要组成部分。因此，本书讨论了西北地区的地热资源，评估了温泉资源开发潜力，分析了温泉游客行为特征，提出了温泉开发时空格局和优化对策，构建了温泉旅游开发范式，为发挥地热资源在经济、环境、社会领域的重要地位和作用奠定了理论基础。

　　中华人民共和国成立以来，广大地质工作者从能源利用的角度对西北地区地热资源进行了大量的勘查工作，获得了丰富的数据资料，主要包括《甘肃省地热资源及勘查开发规划》《新疆能源手册》《关中盆地地热资源赋存规律及开发利用关键技术》《青海省地热资源调查评价》《银川盆地地热系统》等。本书在研究过程中，援引了上述资料。本书作者通过十几年的野外考察调研和实验测试分析，对西北地区五省的地热资源进行了充分了解，进而对温泉资源的开发潜力进行评估，并通过分析研究温泉旅游者的体验行为，进而提出温泉旅游发展的路径与对策。

本书由地热资源基础研究及温泉旅游开发应用研究两部分内容构成，包括七章。第一章绪论，指出了地热资源与温泉旅游研究的科学意义，阐述了国内外关于地热资源评价和温泉旅游的研究进展，借鉴发达国家及地区温泉旅游发展的成功经验及对西北地区温泉旅游开发的启示，系统分析了西北地区地热资源的类型、分布特征和开发利用历程。第二章，首先，以甘肃隆起断裂对流型地热资源开发的最有利地段——天水及其南北地区为例，评价了甘肃地热资源的特征；其次，将全省 25 个温泉的开发潜力分为优先开发、次要开发和不宜开发三类；最后，分析了甘肃温泉旅游者的旅游动机和满意度，提出了温泉旅游体验开发对策。第三章，分析了新疆地热资源形成的类型、分布特征和水化学特征，并从温泉资源价值和区域开发条件两个方面评价，将包含 72 处温泉在内的新疆 14 个地州划分为高、中、低 3 个开发潜力区，提出了新疆地区温泉资源的总体开发策略和高、中、低潜力区的分区开发模式。第四章，系统阐述了陕西地热资源形成的地质背景、分布状况和开发利用现状，分析了陕西温泉旅游业发展的优势、劣势、机遇及挑战，结合温泉旅游者的出游偏好、满意度等旅游行为特征，提出了"温泉小镇""泛温泉产业"和"御温泉"三大开发模式及开发对策。第五章，分析了青海地热资源类型和分布特征，对青海温泉旅游发展进行了 SWOT 分析，提出了青海的温泉旅游开发的"四大理念""五大模式"及"五大对策"。第六章，分析了宁夏地热资源形成的区域地质背景，探究了地温场特征和热储特征，梳理出 4 个地热田和 4 个远景地热分布区，分析了宁夏地区温泉旅游开发中存在的问题，提出将温泉融入宁夏全域旅游发展格局中的开发对策。第七章，提出了以"可持续发展是基础、多元化利用是关键、产业化发展是支撑"为方针的西北地区地热资源的发展战略。

本书的研究特色在于既有对地热资源的基础研究，又有对温泉旅游的开发研究。在地热资源评价方面，采用自然科学的实验分析法，分析地热水水化学特征，推断地热补给来源，估算地热热储潜力并验证各种地热温标的适用范围和准确程度。在温泉旅游开发潜力方面，采用层次分析法，综合考虑温泉资源价值和区域开发条件，采用可量化的评价指标，完善了温泉旅游开发潜力评价体系的科学性和可靠性。在温泉旅游开发路径方面，采用社会科学的分析法，从心理学角度分析温泉旅游者体验的动机、满意度等旅游行为特征，探究温泉旅游活动产生的动力机制，揭示了旅游者对温泉资源自然属性的感知，进而有针对性地提出温泉旅游的开发理念、开发模式及开发对策，根据市场需求特点提出的开发路径有理有据。

本书由温煜华主持撰写，李敏、王磊强、李娟参与了资料整理工作。朱锡芬、马宏伟参与了野外考察采样工作，刘海洋、陆莹、韩晓、李娟等参与了问卷调查工作。兰州大学资源环境学院李吉均院士、王乃昂教授等给予了悉心指导。甘肃省地质勘查院的李百祥高级工程师在写作中提供了相关的基础资料。这本书凝结了学界前辈与同人辛勤劳动的汗水和智慧，作者征引了几十年来许多参加西北地区地热勘查、温泉旅游研究者的相关资料，在文后的参考文献中给予了列示，在此深表谢意。

由于研究区地域辽阔、地热地质条件复杂、地热数据资料有限，书中关于西北地区地热资源和温泉旅游的认识有一定的局限性，作者热忱希望读者提出批评和指正。

作　者
2020 年 6 月

目　　录

第一章　绪论

第一节　西北地区地热资源与温泉旅游研究意义

一　地热资源评价为地热开发提供科学依据

地热资源是当前技术条件下从地壳中开发出来的，利用岩石中和地热流体中的热能量及其伴生的有用组分。地热资源是一种可再生性较差的资源，由于开采过量或自封闭作用，会造成地热水水温降低、水位下降、水中矿物质元素浓度降低，甚至出现资源枯竭的现象。随着地热资源在供电、采暖、温泉旅游、种（植）养殖等行业的广泛运用，在巨大经济利益的驱动下，西北地区地热开发也出现了越来越多急功近利的短期行为。随着开采量的增大、地下水位逐年下降，天然泉眼不断减少，地热资源的开发利用面临着危机。

地热资源的开发受到资源条件和地质条件的影响。地热资源条件包括地热资源总量、地热资源可开采量、地热井的单位涌水量、水化学特征等方面。地热资源总量反映了地热资源的丰富程度；地热资源可开采量反映了保证合理水位降差的水量；地热井的单位涌水量决定了地热资源的开发利用方式；地热水的水化学特征是地热价值的重要指标。地热资源形成的地质条件控制着地热水储存运移条件。地质条件可概括为源（热源）、通（通道）、储（储层）、盖（盖层）四方面。影响地热热源的地质因素有岩层、形成时间等。区域的构造背景（裂谷、俯冲碰撞带）和局部深部构造（断裂、破碎剪切带）是提供地热上升的通道，也是控制地热的重要因素。地热储层的埋深、温度、空间布局影响地热开发的难易程度。地热资源有了稳定的盖层覆盖，才能蕴藏深部地热的温度和压力，达到地热资源的经济效益。因此，对地热资源进行评价是必要的基础工作，可为地热资源的可持续开发提供科学的依据。

二　通过温泉开发潜力评价可优化温泉资源开发的时空布局

西北地区地热资源大多属于中低温地热田，地热资源可用来发电、供暖、种（植）养殖、工业利用和温泉旅游，而利用地热资源的医疗保健价值发展温泉旅游备受青睐。温泉资源的开发不仅受资源本身的限制，而且受温泉所在地的经济、社会、区位等条件的影响。西北地区投资环境相对较差，并不是所有的温泉都适合开发。哪些温泉需要优先开发，哪些温泉等待时机成熟再开发，哪些温泉不宜开发？这就需要对温泉开发潜力进行评价，目的在于能正确客观地以可度量的标准为基础，判定各温泉开发潜力的大小，使温泉旅游资源在时间和空间上优化布局，避免低水平的重复开发，使区域旅游开发形成良性循环。因此，运用定量方法评定温泉开发潜力可为温泉资源的时空布局提供科学依据。

三　分析温泉旅游者体验行为，提出温泉旅游地发展路径

近年来，以温泉养生、休闲度假为目的的温泉旅游成为一种休闲时尚，受到越来越多消费者的青睐。与传统的观光式旅游相比，温泉旅游以泡浴的形式极大地提升了消费者的体验感。作为体验性很强的温泉旅游，旅游者购买的不是产品和服务本身，而是满足其需求的体验，因此从心理学角度分析影响旅游者体验的内驱力——动机和需求，是提高旅游者体验质量和设计产品的关键因素。在温泉旅游动机方面，分析旅游者的出游动机，在动机基础上对温泉旅游者进行市场细分，并对不同类型旅游者的人口学特征、旅游行为特征的差异进行比较分析，有助于实行差异化的产品组合和促销策略。在温泉旅游者体验质量—满意度研究方面，分析温泉旅游者旅游期望与实际体验之落差，了解旅游者前往温泉旅游地所重视的属性偏好以及对温泉产品和品质的满意度。在分析旅游者体验行为的基础上，结合区域温泉的特征，提出温泉旅游产品设计、温泉开发模式及对策更有针对性。分

析温泉旅游者体验行为，不仅可以了解旅游者多样化和个性化的体验需求，还可以使温泉开发和管理者提供更适合旅游者需求的体验产品，提高温泉旅游地的竞争力。

四 开创西北地区地热资源评价和温泉旅游的系统研究

国内关于地热资源评价和温泉旅游的研究主要集中在东部经济较发达的地区及西南和东北等地热资源密集分布区，对西北地区的研究相对较少。在能源趋紧、环境问题凸显的背景下，地热资源作为一种绿色清洁能源，大力开发利用可以调整能源结构，发展特色环保产业，培育新的增长点，推动地区经济环境友好型发展。温泉旅游作为一种综合型服务业，它的蓬勃发展能带动与之相关的一系列行业的大力发展，提升第三产业在经济中的比重，从而改善经济结构，实现经济、环境和社会效益的协调发展。这就使得西北地区关于地热资源评价的基础研究和温泉旅游的应用研究显得尤为迫切。但是关于西北地区地热资源和温泉旅游的相关研究比较薄弱，本书努力开创西北地区地热资源评价和温泉旅游的系统研究。

第二节 研究进展

有关地热资源的研究进展涉及四个方面内容。第一，地热资源评价，通过地热水的水化学特征推测水岩相互作用过程，通过稳定同位素特征追溯地热水的起源，运用地热温标估算热储温度。第二，温泉资源开发潜力评价，对温泉资源开发潜力评价是温泉旅游资源合理开发和规划的前提。第三，温泉游客行为研究，分析温泉游客的旅游动机和满意度等旅游行为特征。第四，温泉旅游研究，主要阐述温泉旅游的开发模式及西北地区温泉旅游研究进展。

一 地热资源评价

（一）水—岩相互作用

温泉水中特有的离子是水—岩相互作用的结果。1964 年，爱丽丝（Ellis）等就提出了地热水中的大部分溶解组分来自水与围岩之间的反应。1977 年，爱丽丝和马洪（Mahon）就地热水的起源、物理化学性质、同位素特征、水热蚀变、矿物沉淀等做了详细阐述。1983年，鲍尔斯（Bowers）经过多年的实验工作，获得了矿物、气体和溶液组分在不同的温度与压力下的热力学参数和化学反应方程，建立600 多种相图。1988—1992 年，吉根巴赫（Giggenbach）创立了一系列三角图作为研究地热水起源和形成机理的标志。目前，水—岩相互作用的研究有以下内容：地热水中水—岩反应的程度；矿物的饱和指数随环境（温度、电导率和 pH 值）的变化情况；控制地热水中水—岩相互作用的主要过程和矿物体系；地热水系统中各种离子的来源及可能发生的水与围岩的相互作用；地热水中各种来源水的混合过程[①]。在研究过程中，主要运用各种水文地球化学软件进行模拟和定量计算。很多研究者先根据地热水化学组分或同位素特征的差异将地热水分为不同类型，然后分别讨论不同类型地热水的水化学特征的形成过程及控制因素。

（二）补给来源

查清地热水的补给来源、不同来源的水所占比例，不仅可以了解地热水的循环过程，而且对于地热资源的评价及开发利用也有重要的指导意义。在地热水补给来源的研究中，应用最广泛的是同位素地球化学方法，常用的同位素有 δD、$\delta^{18}O$、^{13}C、He 等。通过测定地热水中的稳定同位素 δD 和 $\delta^{18}O$，并与全球大气降水线或地方大气降水线对比，可判别地下水的补给来源是大气降水、海水还是岩浆水；与放射性同位素氚等测年指标相结合，可进一步判断地热水的年龄；根据上述同位素在研究区域的分布特征，可推断地热水的补给高程和补给区及不同类型水源的混合比例等[②]。惰性气体同位素也被用于地热水

① Gemici, Ü., Tarcan, G., "Hydrogeochemistry of the Simav Geothermal Field, Western Anatolia, Turkey", *Journal of Volcanology and Geothermal Research*, Vol. 116, No. 3 – 4, 2002. Möller, P., Dulski, P., Savascin, Y., et al., "Rare Earth Elements, Yttrium and Pb Isotope Ratios in Thermal Spring and Well Waters of West Anatolia, Turkey: A Hydrochemical Study of Their Origin", *Chemical Geology*, Vol. 206, No. 1 – 2, 2004.

② Dilsiz, C., "Conceptual Hydrodynamic Model of the Pamukkale Hydrothermal Field, Southwestern Turkey, Based on Hydrochemical and Isotopic Data", *Hydrogeology Journal*, Vol. 14, No. 4, 2006.

的研究，如用氦同位素判断地热水中有无深部幔源物质的混入，并估算大气、幔源和壳源中氦所占的比例①。虽然很多同位素都可以单独反映地热水的来源，但研究者往往将多种同位素综合运用，以便精确地判断地热水的补给来源，补给高程及不同水源的混合过程。

（三）热储温度的测定

在地热水研究和开发利用中，热储温度是划分地热系统的成因类型和评价地热资源潜力的重要参数，地热温标法是提供这一参数的经济有效的手段。在过去的几十年里，学者们提出了大量的测量热储温度的地球化学温标，如 SiO_2、Na-K、Na-K-Ca、Na-Li、K-Mg、Li-Mg等。同位素地球化学温标也得到了广泛应用，其中以氧、硫同位素温标应用最多②。地球化学温标的应用常常基于一系列的假设。实际上受溶解、冷热水的混合等众多因素的影响，这些假设很难实现，这就使得每种地球化学温标都有特定的使用条件和局限性。因此，在应用过程中根据具体情况选择合适的温标至关重要。除了上述地球化学温标和同位素温标外，地热水中的离子成分和含量也能指示地下热水的温度。如地热水出露区的泉华类型也可视为温标的一种，通常硅华的出现预示着高温环境，钙华是低温的标志，而水热蚀变现象标志着有深部高温热储。

近年来国内学者通过水文地球化学方法对地热水做了大量研究。王蔚对湘西北地区温泉水的化学组分进行研究，探讨了温泉地热源的成因。万登堡探讨了腾冲热海温泉群的形成机理。王广才对延怀盆地地热水及稀有气体的地球化学特征进行了分析。周海燕对广东从化温泉的水化学特征和地热水的起源进行了分析。王贵玲分析了鄂尔多斯地质构造对其周边地热资源形成的控制作用。程先锋对云南安宁温泉地热地质特征及成因模式进行了研究。高彦芳探讨了重庆金佛山泉水的地球化学特征及空间分布意义。秦大军分析了西安地区地热水和渭

① Dimond, R. E., Harris, C., "Oxygen and Hydrogen Isotope Geochemistry of Thermal Springs of the Western Cape, South Africa: Recharge at High Altitude?", *Journal of African Earth Sciences*, Vol. 31, No. 3 - 4, 2000.

② 许高胜、马军、马瑞：《同位素与水化学在地热水形成机理中的应用研究进展》，《中国水运》2010 年第 11 期。

北岩溶水同位素特征及相互关系。王焰新分析了人类活动影响下娘子关岩溶水系统的地球化学演化特征。

二　温泉资源开发潜力评价

温泉资源评价是旅游资源保护和有效开发的前提。旅游资源潜力评价所依托的理论有增长极理论、比较优势理论、竞争优势理论、生命周期理论、区位论和系统论。经济增长点不会同时出现在所有地方，它首先出现在某些具有优势条件的地区。因此温泉开发序位的确定应遵循"择优"原则，选取资源质量高、区位条件好、对旅游者最具吸引力的景点优先开发。温泉资源开发潜力评价就是评估温泉开发潜力的大小，确立合理的开发时序，实现温泉资源在时间和空间上的优化布局。

国外学者在旅游开发潜力方面做了大量实证研究。霍华德·格林（Howard Green）等利用特尔菲法评价旅游的环境效应[1]。邓金阳等从资源、周边吸引力、可进入性、当地社区、基础设施五个方面对澳大利亚国立、州立公园和自然保护区的等级次序进行评定[2]。弗朗西斯科·J. 布兰卡斯（Francisco J. Blancas）以西班牙海滨旅游项目为例对其开发潜力进行评价[3]。菲利普斯（M. R. Phillips）等以英国威尔士的7个海滩旅游点为例，从自然、生物、人类影响三个方面共50个指标评价海滩旅游地的序位[4]。朱丽安娜·普里斯金（Julianna Priskin）从可吸引物、可进入性、基础设施和环境条件四个方面评价西澳大利亚中部海滨地区65个旅游景点的资源潜力[5]。

---

① Green, H., Hunter, C., Moore, B., "Application of the Delphi Technique in Tourism", *Annals of Tourism Research*, Vol. 17, No. 2, 1990.

② Deng, J., King, B., Bauer, T., "Evaluating Natural Attractions for Tourism", *Annals of Tourism Research*, Vol. 29, No. 2, 2002.

③ Blancas, F. J., González, M., et al. "The Assessment of Sustainable Tourism: Application to Spanish Coastal Destinations", *Ecological Indicators*, Vol. 10, No. 2, 2010.

④ Phillips, M. R., House, C., "An Evaluation of Priorities for Beach Tourism: Case Studies from South Wales, UK", *Tourism Management*, Vol. 30, No. 2, 2009.

⑤ Priskin, J., "Assessment of Natural Resources for Nature-based Tourism: the Case of the Central Coast Region of Western Australia", *Tourism Management*, Vol. 22, No. 6, 2001.

国内学者在旅游开发潜力方面的研究也较多。汪清蓉等从资源价值、现状条件、旅游开发条件三方面对古村落综合价值进行定量评价①。毛凤玲从资源条件、区位条件和开发条件对宁夏乡村休闲旅游资源进行定量评价②。钟林生等对西藏温泉旅游资源潜力进行评价③。张蕾等应用模糊数学方法对广东龙门县温泉旅游资源开发条件进行了尝试性评估④。沈惊宏等采用 AHP 法和熵值法相结合确定各指标的权重，计算湖南省温泉旅游资源开发的综合值，将湖南省 90 个温泉划分为高适宜性、较适宜性及不适宜性三种类型，针对各类型温泉提出了相应的开发建议⑤。何小芊等对江西省域内主要温泉进行评价与区划，将其分成高、中、低 3 个区，针对不同开发区提出了开发策略⑥。

在旅游地开发潜力评价中，层次分析法（AHP）是较成熟且常用的传统方法，定量评价模型在评价因子的选取、权重的确定、因子赋值等可操作性方面还有待完善。关于旅游资源潜力评价大多数是从研究者或旁观者的角度（客位研究角度）开展的，若能从旅游地的经营主体或旅游者角度（主位角度）开展研究，可以获得更全面的认识。

三　旅游动机与满意度

旅游是个人前往异地，以寻求愉悦为主要目的而度过的一种具有社会交往、休闲和消费属性的短暂经历。旅游者以身体之、以心验之，因此，旅游活动在根本上是旅游体验。旅游体验研究在主体上是对旅游者

---

①　汪清蓉、李凡：《古村落综合价值的定量评价方法及实证研究——以大旗头古村为例》，《旅游学刊》2006 年第 1 期。

②　毛凤玲：《大银川旅游区乡村休闲旅游地旅游资源评价研究》，《干旱区资源与环境》2009 年第 1 期。

③　钟林生、王婧、唐承财：《西藏温泉旅游资源开发潜力评价与开发策略》，《资源科学》2009 年第 11 期。

④　张蕾、丁登山、戴学军等：《模糊数学方法在温泉旅游资源开发条件评估中的应用——以广东龙门为例》，《西北师范大学学报》（自然科学版）2005 年第 5 期。

⑤　沈惊宏、余兆旺、周葆华等：《区域温泉旅游开发适宜性分析及其对策》，《自然资源学报》2013 年第 12 期。

⑥　何小芊、刘宇：《江西省温泉旅游资源评价与开发策略》，《市场论坛》2014 年第 11 期。

心理进行的研究。国外旅游体验研究的内容侧重旅游体验的本质与意义、旅游体验的动机、旅游体验的类型、旅游体验的外部影响、旅游体验的质量等诸多方面。国内相关研究主要聚焦于旅游体验的基础理论和体验式旅游产品的设计两个方面。为了获得对温泉旅游者体验行为意义的理解，需洞察行为的动机。旅游体验这个心理问题突出地展现在情感层面，以愉悦程度反映着旅游体验的质量。对旅游体验的研究，不仅有纯粹理论上思辨的空间，还主要体现在对它的操作层面的解读。因此，本书主要从温泉旅游者体验的内驱力——动机与温泉旅游者体验的质量—满意度两方面对温泉旅游者体验进行研究，以期从宏观上解释温泉旅游产生的动力机制，从微观上解释旅游者对温泉旅游地属性的偏好程度。

（一）旅游动机

旅游动机是影响旅游行为的重要内在因素，较早受到研究者的关注。旅游动机以心理学领域的动机理论为基础，主要有以下三种旅游动机的具体理论。英国学者格拉汉姆·丹恩（Glaham M. S. Dann）首先提出了旅游活动的"推—拉"动机模型。其他学者也在不断丰富和发展"推—拉"动机模型的内涵。"推力"因素指存在于旅游者内心的无形的需求，是旅游者为摆脱日常环境的困扰而离开居住地出游的作用力，如逃避、休息放松、冒险、声望等内在的需要；"拉力"因素与旅游目的地自身属性相联系，指特定目的地和有形的吸引物对旅游者吸引的作用力，如阳光、放松的生活节奏、友好的居民、良好的旅游接待设施和宜人的自然与文化环境等。艾泽欧－阿荷拉提出了"逃—寻"理论，用逃逸因子（escaping element）和逐求因子（seeking element）与个人环境和人际环境的交互来解释人们的旅游动机[1]。逃逸因子指旅游者为摆脱其所处环境的心理需求，逐求因子指旅游者想通过旅游活动获得心理上的回报。该模型实际上类似于"推—拉"动机模型。美国学者斯坦利·普洛格（Stanley C. Plog）提出了"自我中心—多中心"连续体理论[2]。他认为只有极少数人处于

---

[1]　Iso-Ahola, S., "Toward a Social Psychological Theory of Tourism Motivation: A Rejoinder", *Annals of Tourism Research*, Vol. 9, No. 2, 1982.

[2]　［英］克里斯·库珀、约翰·弗莱彻、大卫·吉尔伯特等：《旅游学——原理与实践》，张俐俐、蔡利平译，高等教育出版社2004年版。

旅游动机谱的两个极端，而多数人属于中间类型。他认为个性是影响旅游动机的非常重要的因素。个性的复杂性和多变性使得该模型在实际应用上受到广泛的质疑。在这三种理论中，"推—拉""逃—寻"两种理论为旅游学者广泛接受，并运用在旅游者动机类型、动机差异分析的研究中。

识别旅游者的旅游动机并在此基础上细分旅游市场，根据不同市场的特点提供相应的旅游产品和服务，是一种非常有效的旅游者导向的营销策略。传统的利用地理位置和人口统计特征作为市场细分变量的优势地位已经下降，而国外学者较常用的"旅游动机＋利益追求＋行为模式"的市场细分法能更有效地了解旅游者的真实动机和行为特征，也能为营销和管理提供更准确、真实的市场信息。

除了理论上的探讨，旅游动机实证研究成果也比较丰富。1982年皮尔斯（Pearce）对旅游者群体的普遍行为进行归纳和分类，将旅游者分为 5 种类型：环境旅游群体、高密度接触旅游群体、追求精神满足的旅游群体、追求快乐的旅游群体和开发性旅游群体。亚当·本（Adam Beh）和布莱特·吕耶尔（Brett L. Bruyere）研究到访肯尼亚国家自然保护区旅游者的旅游动机，根据旅游动机将旅游者分为 3 类：逃避现实者、知识学习者和自我实现者[1]。艾米内·萨里戈卢（Emine Sarigollu）和黄蓉根据 5 个动机因子把北美旅游者分为 4 类：冒险者、多目的追求者、休闲娱乐者、艺术与事件追寻者[2]。朴德兵（Duk-Byeong Park）和尹刘植（Yoo-Shik Yoon）使用动机变量细分韩国乡村旅游市场，把旅游者分为 4 类：家庭团聚型、被动型、多目的型、学习和寻求刺激型[3]。车锡彬（Suk-Bin Cha）等根据推力因子把日本出国旅游者分为 3 类：追新求异者、运动爱好者和家庭/休憩寻

① Beh, A., Bruyere, B. L., "Segmentation by Visitor Motivation in Three Kenyan National Reserves", *Tourism Management*, Vol. 28, No. 6, 2007.

② Sarigöllü, E., Huang, R., "Benefits Segmentation of Visitors to Latin America", *Journal of Travel Research*, Vol. 43, No. 3, 2005.

③ Park, D. B., Yoon, Y. S., "Segmentation by Motivation in Rural Tourism: A Korean Case Study", *Tourism Management*, Vol. 30, No. 1, 2009.

求者①。特里·林（Terry Lam）等对大陆旅游者到香港旅游的动机进行定量研究，通过因子分析得到 5 个推力因子和 6 个拉力因子②。劳里斯·墨菲（Lauris L. Murphy）将澳大利亚背包旅游者分为 4 类：追求身心放松的群体、追求社会交往的群体、追求自我实现的群体及追求成就感的群体③。

国内少数学者也开始涉足这方面的研究。如陈德广等根据 8 个动机因子把河南开封市旅游者分为 4 类：消极的出游者、积极的出游者、顺便游览型出游者和精神享受型出游者④。陆林对山岳型旅游地旅游动机进行研究，列举了 21 项旅游动机⑤。吴必虎等以上海市民为调查对象，识别出身心健康、怀旧、文化、交际、求美和从众 6 类动机⑥。苏勤根据旅游动机将周庄旅游旅游者分为 4 类：追求游览与愉悦、追求发展与成就、追求学习与知识、追求休闲与放松。不同类型旅游者的体验质量存在明显差异，受内在推力驱使的旅游者的体验质量较高，受旅游地属性拉力吸引的旅游者的体验质量较低⑦。孙仁和以北投、阳明山、马槽温泉游憩区为例进行研究，发现温泉旅游者的动机主要归纳为疏解压力、增进健康、与亲友出游、体验自然四类⑧。林中文在礁溪温泉度假区市场细分研究中，发现温泉旅游者最主要的动机有疏解压力、接近大自然、与朋友家人同乐、追求健康、消遣、增

① Cha, S., McCleary, K. W., Uysal, M., "Travel Motivations of Japanese Overseas Travelers: A Factor-cluster Segmentation Approach", *Journal of Travel Research*, Vol. 34, No. 1, 1995.

② Zhang, H. Q, Lam, T., "An Analysis of Mainland Chinese Visitors' Motivations to Visit Hong Kong", *Tourism Management*, Vol. 20, No. 5, 1999.

③ Lauris, L. M., "Backpackers in Australia: A Motivation Based Segmentation Study", *Journal of travel and tourism marketing*, Vol. 5, No. 4, 1997.

④ 陈德广、苗长虹：《基于旅游动机的旅游者聚类研究——以河南省开封市居民的国内旅游为例》，《旅游学刊》2006 年第 6 期。

⑤ 陆林：《山岳旅游地旅游者动机行为研究——黄山旅游者实证分析》，《人文地理》1997 年第 1 期。

⑥ 吴必虎、徐斌、邱扶东等：《中国国内旅游客源市场系统研究》，华东师范大学出版社 1999 年版。

⑦ 苏勤：《旅游者类型及其体验质量研究——以周庄为例》，《地理科学》2004 年第 4 期。

⑧ 孙仁和：《温泉游憩区游客特性之研究——以北投、阳明山、马槽温泉游憩区为例》，硕士学位论文，铭传大学，1999 年。

广见闻①。方怡尧等在对北投温泉旅游者调查中发现，旅游者的主要动机为放松愉悦、交流互动、保健及沉思②。

上述研究说明，由于旅游动机的复杂性，不同的旅游者、不同的旅游活动或不同的样本选择及旅游动机表述的差异，使得旅游动机分析很难得出相同的结论。因此针对具体的旅游活动和特定的旅游市场进行深入的实证研究才能识别特殊的旅游动机。国内对旅游动机的研究主要集中于观光旅游地或城市居民，而对度假旅游动机，特别是我国西北地区温泉的旅游动机研究还非常欠缺。度假旅游动机和观光旅游动机之间是否存在差异，也是一个值得探讨的问题。

（二）旅游满意度

对顾客满意度的测量存在不同的理论和观点。尹刘植等总结了建立在不同理论和观点基础上的四种模型：期望差异模型、整体感知模型、价值模型、标准模型。期望差异模型认为旅游者在旅行前对目的地有一定的期望，在实际旅行中或旅行后会把感知绩效（perceived performance）与消费前期望（pre-purchase expectations）进行比较，当感知绩效低于消费前期望时，就会产生不满意；当感知绩效高于消费前期望时，就会产生满意。整体感知模型只测量实际感知，不将实际感知与期望进行对比。比涅（Bigne）的研究表明，感知质量越高，满意度也越高，重游或推荐的行为倾向就越强。价值模型认为满意度是相对于所花费的成本，旅游者对其实际所获得的利益的整体评价。如果旅游者花费了时间、金钱、精力，同时获得了自己想要的收益，那么旅游就是值得的。标准模型认为标准可作为旅游者评价产品和服务的参照点，旅游者当前和以往旅游体验可以作为评价满意度的标准。帕克斯（Parkes）概括了游客满意度研究的 9 种理论，指出期望差异模型的运用最为广泛。由于旅游地的多样性、旅游研究对象的复杂性，游客满意度具有动态性和难以测度的特点。

对于旅游者满意度的影响因素，学者们从不同的角度提出了多种理解和认识，大多数是围绕游客期望、感知质量、感知价值、期望差异、旅游地形象、旅游动机等方面来探讨。奥利弗（Oliver）指出顾客期望是顾客满意度评价的标准。保斯库等（Bosco et al.）探讨了旅行社旅游者期望的影响因素以及期望、满意度与旅游者忠诚之间的关系，提出旅游者期望是影响旅游者满意度的重要前提变量。汪侠等指出旅游者期望与旅游者满意度之间呈负相关。感知质量与感知价值是对消费过程的一种主观评价，有学者认为感知质量或感知价值主导旅游者满意度。帕拉休曼（Parasheuman）等认为感知价值不仅影响旅游者的选择行为，而且影响旅游者的满意度和重购行为。李文兵以张谷英村为例，构建了古村落旅游者感知价值概念模型。除了上述的期望、期望差异、感知质量和感知价值之外，还有一些学者从旅游地形象、旅游动机、游客情感、游客经历等方面探讨了影响旅游者满意度的因素。

很多学者应用期望差异模型对旅游者满意度做了实证研究。迈克尔·R. 伊万斯（Michael R. Evans）和日兆恩（Kye-Sung Chon）应用 IPA 法对旅游政策的制定与评估进行研究[1]。穆扎弗·乌萨尔（Muzaffer Uysal）等在重要性和满意度分析的基础上，确定了通过市场定位来提高市场份额[2]。迈克尔·尹莱特（Michael J. Enright）和詹姆斯·牛顿（James Newton）用 IPA 方法分析了旅游者对香港作为国际旅游目的地的评价，指出了香港提高旅游竞争力的重点之所在[3]。崔贞子（Jeong-ja Choi）研究了旅游者对会展旅游重视度和满意度评价，提出了会展旅游管理的对策[4]。库尔特·马茨勒（Kurt Matzler）

① Evans, M. R., Chon, K., "Formulating and Evaluating Tourism Policy Using Importance Performance Analysis", *Hospitality Education and Research Journal*, Vol. 13, No. 3, 1989.

② Uysal, M., Chen, J. S., Williams, D. R., "Increasing State Market Share Through a Regional Positioning", *Tourism Management*, Vol. 21, No. 1, 2000.

③ Enright, M. J., Newton, J., "Tourism Destination Competitiveness: A Quantitative Approach", *Tourism Management*, Vol. 25, No. 6, 2004.

④ Choi, T., Chu, R. K. S., "Association Planner's Satisfaction: An Application of Importance-Performance Analysis", *Journal of Convention and Exhibition Management*, Vol. 2, No. 2 – 3, 2000.

等认为 IPA 法有重要的缺点①，因为 IPA 法隐含的两个假设在现实中是没有意义的。因此，国外许多学者已经提出了改良方法。大多数学者从顾客满意度理论出发，运用三要素理论、新的 IPA 坐标等方法进行修正。其中哈维尔·阿巴罗（Javier Abalo）提出的新 IPA 坐标法，克服了建立在对期望和感知绩效绝对而非相对的测量基础上面临的主要困难。

国内对游客满意度的研究也取得了很多成果。黄宗成等运用 IPA 法探究台湾中高龄人员入住旅馆之前的重视度与入住后的实际体验，探讨采用合理的经营管理办法，使有限资源发挥最大边际效益②。王素洁等运用 IPA 法对美国休闲游客来中国旅游的满意度做了实证研究，并提出了具体的应对措施③。龙肖毅等以大理古城民居客栈作为研究对象，运用 IPA 法对中外游客的满意度进行调查评价④。宋子斌等运用 IPA 法对西安居民对海南旅游目的地的形象感知进行了分析⑤。刘俊等用期望差异模型对北京路步行商业区的顾客满意度进行研究，发现总体上顾客的感知绩效低于期望⑥。刘妍等以成都大熊猫繁育研究基地为例，对入境游客满意度进行评价⑦。从研究对象上看，研究的视野较狭窄，主要侧重于对微观尺度的旅行社、饭店、景区等游客满意度进行研究，而旅游体验是一个整体过程，因此研究对象应该向中观和宏观层次的旅游地整体转变。从研究内容上看，虽然学者们从

---

① Matzler, K., Bailom, F., Hinterhuber, H. H., et al., "The Asymmetric Relationship Between Attribute-Level Performance and Overall Customer Satisfaction: A Reconsideration of the Importance-Performance Analysis", *Industrial Marketing Management*, Vol. 33, No. 4, 2004.

② 黄宗成、翁廷硕、曾湘桦：《中高龄族群长住型旅馆经营管理之探究——以 IPA 及其应用为例》，《北京第二外国语学院学报》2002 年第 1 期。

③ 王素洁、胡瑞娟、李想：《美国休闲游客对中国作为国际旅游目的地的评价：基于 IPA 方法》，《旅游学刊》2010 年第 5 期。

④ 龙肖毅、杨桂华：《大理古城民居客栈中外游客满意度对比研究》，《人文地理》2008 年第 5 期。

⑤ 宋子斌、安应民、郑佩：《旅游目的地形象之 IPA 分析——以西安居民对海南旅游目的地形象感知为例》，《旅游学刊》2006 年第 10 期。

⑥ 刘俊、马风华、苗学玲：《基于期望差异模型的 RBD 顾客满意度研究——以广州市北京路步行商业区为例》，《旅游学刊》2004 年第 5 期。

⑦ 刘妍、唐勇、田光占等：《成都大熊猫繁育研究基地入境游客满意度评价实证研究》，《旅游学刊》2009 年第 3 期。

不同侧面探讨了期望、期望差异、感知质量、价值、旅游地形象等因素对游客满意度的影响，但是各变量之间的关系以及各变量对游客满意度产生的直接或间接的影响尚不清晰。从研究方法上看，国内外学者大都采用结构建模技术来构建游客满意度的前因后果的结构方程模型，并在此基础上探讨各前提因素和结果因素之间的相互关系。

四　温泉旅游开发

（一）温泉旅游

　　国外关于温泉旅游的研究主要集中在温泉旅游发展较成熟的日本和欧美，研究内容主要聚焦于温泉旅游资源评价、温泉旅游开发方向、温泉旅游市场及温泉旅游发展历史等方面。在温泉旅游发展的初期，温泉资源的医疗功能是提高温泉旅游地知名度的主要因素，因此，学者们从医学角度评价温泉资源的保健疗养功能，众多研究成果发表于《皮肤医学临床》（Clinics in Dermatology）。随着旅游业的发展，对温泉旅游业的综合评价引起了重视，阿杜瓦·沙姆斯丁（Avdua R. Samsudin）等总结出了温泉旅游资源开发评价体系，并对马来西亚的 40 个温泉地进行评价①。爱德华·因斯基普（Edward Inskeep）提到了评价温泉地开发可行性时须考虑其潜在的客源市场②。山村顺次总结了日本不同类型温泉旅游地的客源市场结构③，对日本温泉旅游开发提供了较好的建议。洛弗西德（Loverseed-H.）对北美的温泉旅游市场进行研究④。二战后，温泉旅游在欧美发展趋于成熟，很多学者开始从一些外部因素（政治体制、技术变革等）或从旅游者角度探讨温泉旅游的发展变化过程⑤。国外学者多从宏观层面探讨温泉

① Samsudin, A. R., et al., "Thermal Springs of Malaysia and Their Potential Development", *Journal of Earth Sciences*, Vol. 15, No. 2-3, 1997.

② Inskeep, E., *Tourism Planning*: *An Integrated and Sustainable Development Approach*, Van Nostrand Reinhold Press, 1991.

③ 张明珠：《国内外旅游解说系统研究述评》，转引自［日］山村顺次《新观光地理学》，大明堂出版社 1995 年版。

④ Loverseed-H., "Health and Spa Tourism in North America", *Travel and Tourism Analyst*, No. 1, 1998.

⑤ Towner, J., "What is Tourism's History?", *Tourism Management*, Vol. 16, No. 5, 1995.

旅游发展的影响因素，认为政治体制、技术变革、替代性旅游产品如海滨度假旅游的兴起及区位和交通条件是影响温泉旅游发展的外部因素，而较少从微观层面探讨影响温泉旅游发展的内部因素。

国内关于温泉旅游的研究聚焦于温泉旅游资源及开发、市场分析，以及一些基础理论方面如温泉旅游的生命周期等。研究成果侧重技术性、规划性和展望性。王艳平提出对于旅游业而言，旅游是产业；对旅游者而言，旅游是权益；对政府而言，则应该是事业，应适度建设一些公益性旅游设施①。高鹏等论述了中国温泉发展现状，提出成立统一的全国性温泉行业协会，树立品牌意识，挖掘文化内涵，运用各种宣传方式，走可持续发展之路的建议②。王亚辉提出中国温泉旅游开发缺少历史典故、淡旺季落差大，没有形成品牌等问题，提出举办与温泉有关的节庆活动、增加界面设置、打造品牌、挖掘文化元素等对策③。张建提出在温泉旅游营销方面，对本地洗浴客人、外来游客和散客市场实施差异化战略④。裴若婷以罗浮山温泉旅游度假区为例，从纵向、横向和关联度三个方面提出旅游产品深度开发的思路和对策⑤。余剑晖以重庆市温泉为例，探讨了温泉旅游地生命周期各阶段的特征，并分析了影响温泉旅游的主要因素⑥。

（二）温泉旅游开发模式

在温泉旅游开发模式方面，王华等通过对广东省35处温泉旅游区开发模式调查发现：按温泉的区位，广东省的温泉开发大致分为城市周边地区和偏远地区两类；按温泉旅游功能，有休疗保健式、观光娱乐式和综合式三种开发模式；按温泉风格，有自然风光、主题文

① 王艳平：《中国温泉旅游——来自地理学的发现及人文主义的挑战》，大连出版社2003年版。
② 高鹏、刘住：《对发展温泉旅游的建议》，《旅游科学》2004年第2期。
③ 王亚辉：《我国温泉旅游开发存在问题及对策——以环庐山温泉带温泉度假村为例》，《商业经济》2008年第10期。
④ 张建：《再论我国温泉旅游资源的开发与利用》，《干旱区资源与环境》2005年第6期。
⑤ 裴若婷：《罗浮山温泉旅游度假区旅游产品深度开发研究》，硕士学位论文，成都理工大学，2010年。
⑥ 余剑晖：《温泉旅游地生命周期研究——以重庆市温泉为例》，硕士学位论文，西南大学，2008年。

化、现代园林三种风格的温泉公园①。高峰分析了湖北省咸宁市温泉旅游发展现状和特色优势，提出会议度假、美容养生、文化体验、绿色生态庄园和综合性五种开发模式②。贺海霞通过对西安华清池温泉和浙江武义温泉分析，提出了两种新型休闲度假旅游概念模式，即"全健康"温泉休闲养生模式和温泉与文化产业融合的休闲旅游模式③。

（三）西北温泉旅游

随着温泉旅游在西北地区的逐渐兴盛，一些学者也开始关注西北地区的温泉旅游研究。对西北地区温泉的开发利用现状、开发潜力及开发对策提出了有益的探讨。

在甘肃温泉旅游研究方面，温煜华以甘肃省 25 处温泉为例，用层次分析法对其开发序位进行评价，将甘肃省温泉分为高适宜开发型、较适宜开发型和不适宜开发型，并提出保护与开发对策④。温煜华以甘青两省 22 个市州 80 处温泉为例进行评价，将 80 处温泉分为优先开发、次优开发和不宜开发 3 个级别⑤。

在新疆温泉旅游研究方面，张滢以新疆沙湾温泉为例，评价了温泉水环境质量，分析了水环境恶化的原因，提出了以环境治理为先导的温泉资源可持续发展对策⑥。徐平分析了新疆伊犁地区温泉资源开发利用现状，提出了综合开发，合理定位，保持自然原始风貌的建议⑦。

①　王华、吴立瀚：《广东省温泉旅游开发模式分析》，《地理与地理信息科学》2005年第 2 期。

②　高峰：《温泉旅游开发模式探讨——以湖北咸宁温泉为例》，《中国集体经济》2012年第 9 期。

③　贺海霞：《基于温泉的新型休闲度假旅游目的地发展模式研究》，硕士学位论文，浙江师范大学，2016 年。

④　温煜华、齐红梅：《甘肃省温泉旅游地开发适宜性评价》，《西北师范大学学报》（自然科学版）2017 年第 3 期。

⑤　温煜华：《温泉旅游地开发序位评价——以甘青两省温泉为例》，《干旱区地理》2016 年第 1 期。

⑥　张滢：《新疆温泉资源的开发利用与可持续发展——以沙湾温泉旅游区为例》，《安徽农业科学》2011 年第 29 期。

⑦　徐平：《新疆伊犁地区温泉资源开发现状及发展方向研究》，《伊犁师范学院学报》2012 年第 1 期。

陈锋等对新疆沙湾金沟河温泉开发利用及医疗价值进行了简要分析①。蒋小凤分析了新疆温泉县大力发展旅游业的优势,提出了积极打造特色"泉"文化的对策建议②。

在陕西省温泉旅游方面,高鹏等指出陕西华山地区温泉资源丰富,要搞好旅游开发,必须做到科学规划和管理,塑造具有华山特色的温泉文化品牌,科学开发和利用温泉旅游资源③。刘兰兰等分析了陕北榆林横沟温泉,结合横沟的自然环境及榆林文化特点,提出以榆林文化为主题的温泉开发对策④。王世俊对华山御温泉、南山汤峪温泉、临潼爱情海温泉酒店经营模式进行分析,提出通过产品的拓展与升级、服务的全面与细致、品牌的塑造与输出、文化的营造与推广来创新温泉经营模式⑤。韦晓萌以陕西大兴汤峪温泉为例,提出了温泉旅游品牌建设的优化方案,提高了温泉旅游地的核心竞争力⑥。

在青海省温泉旅游方面,方斌等对青海贵德县扎仓温泉的水化学特征进行了分析,推测了温泉的补给来源、循环深度和储量,并提出供暖、温泉疗养洗浴、种植养殖等综合开发利用对策⑦。桑杰本等探讨了青海地区著名温泉的特征及临床功效,介绍了青海地区温泉的分布规律⑧。张海云以青海贵德热水沟温泉为例,提出建设温泉主题小镇、完善配套设施建设、加强地热资源开发利用法规建设、提升温泉

---

① 陈锋、刘涛、康剑等:《新疆沙湾金沟河温泉形成特征研究》,《西部探矿工程》2015 年第 2 期。

② 蒋小凤:《温泉县大力发展旅游业的调查研究》,《中共伊犁州委党校学报》2017 年第 1 期。

③ 高鹏、杨海红:《华山地区温泉旅游开发》,《边疆经济与文化》2008 年第 1 期。

④ 刘兰兰、安栋:《横沟温泉文化旅游项目开发目标探析》,《科技情报开发与经济》2012 年第 17 期。

⑤ 王世俊:《西安温泉旅游资源的经营模式研究》,《西安财经学院学报》2012 年第 6 期。

⑥ 韦晓萌:《陕西大兴汤峪温泉旅游品牌建设优化方案研究》,硕士学位论文,西北大学,2014 年。

⑦ 方斌、周训、梁四海:《青海贵德县扎仓温泉特征及其开发利用》,《现代地质》2009 年第 1 期。

⑧ 桑杰本、彭毛措:《探讨青海地区著名自然温泉的特征及其临床功效》,《中国民族医药杂志》2019 年第 5 期。

知名度等对策①。赛措吉以青海贵德和同仁地区的温泉为例，从人类社会学视角对温泉的浴疗文化做了别样的文化阐释，他认为温泉的浴疗作用不仅源于物理层面，更有文化和宗教层面的特殊意义②。

关于宁夏地热及温泉旅游方面的研究资料目前还没有，所以不进行论述。

第三节　国内外温泉旅游开发经验借鉴

一　地热、温泉、温泉旅游的概念界定

（一）地热

地壳内部蕴藏着巨大的热能，通过火山爆发、温泉、岩石的热传导等方式源源不断地带出地表。地热资源就是存在于地壳中的岩石、液体、气体中的热能。根据地热的存在形式将其分为蒸汽型、热水型、干热岩型、岩浆型、地压型五种类型。蒸汽型，指储存在地下岩石孔隙中的高温高压蒸汽，可直接用来发电，但仅占全球地热资源的0.5%。热水型，指以热水或水汽混合的形式储存在地下，其中低温型为90℃以下，中温型为90—150℃，高温型为150℃以上。地热水资源约占全球地热资源总量的10%，分布较广。干热岩型，指不含水和蒸汽的地下炽热的岩体中的热能，约占全球地热资源总量的30%，由于技术上存在难题，干热岩项目开发利用较困难。岩浆型，指地面10公里以下的熔岩或岩浆中的热能，约占全球地热资源总量的40%，目前没有开发利用的可能。地压型，指封存在地下2—3公里处的高压流体矿产如石油、天然气、盐卤水中的热能，约占全球地热资源总量的20%。

（二）温泉

温泉属于地热资源中的热水型地热，是从地下涌出的，泉口温度显著高于当地年平均气温，并含有对人体健康有益的微量元素的热

　　①　张海云：《主体功能区建设背景下青藏社会旅游文化产业发展调查研究——以贵德温泉地热资源开发利用为视点》，《贵州民族研究》2017年第5期。
　　②　赛措吉：《青海藏区温泉浴疗文化的人类学解读——以贵德和同仁地区为田野点》，《青海社会科学》2019年第6期。

水。温泉可根据化学成分、地质构造、物理性质等进行分类。

1. 温泉的温度界定

国际上对温泉的温度没有统一的定义。1957年美国地热学家怀特（White）定义显著高于当年平均气温的泉水为温泉或热泉，一般高于5℃或10℉（5.6℃）就算显著。由于温泉所在地的经纬度不同，各地的年平均气温相差很大，温泉的临界温度也不一样。如西伯利亚地区常年平均温度很低，10℃以上的泉水就算温泉。而非洲的年平均气温在37℃以上，因此37℃以上的泉才叫温泉。所以，对温泉临界温度的划分各地都不一样。英国、法国、德国、意大利等欧洲国家的标准是20℃；美国的标准是21℃；日本、韩国的标准为25℃；南非的标准也是25℃。我国幅员辽阔，地跨多个温度带，地理环境复杂多样。若以高于当年平均温度5℃作为下限温度，青藏高原的年均温度在6℃以下，华北北部和西北地区年均温度在10℃以下，华南地区大多高于20℃。因此，鉴于我国地理环境的复杂性，为了统一，我国参照日韩两国的划分标准，一般将温度大于或等于25℃作为温泉的下限温度。除了温度外，水化学成分也是很重要的考量因素。温泉中应该含有独特的化学组分如碘、溴、硫、硒、铁、硼、偏硅酸等矿物元素及一些放射性气体如氡、二氧化碳、硫化氢等物质。因此，我国对温泉的定义是大于或等于25℃，含有对人体健康有益的矿物质或气体的自然出露或人工钻井的地热水。

2. 温泉的分类

以化学成分分类。以阳离子为特征命名的温泉，如以Fe^{2+}、Cu^{2+}为主成分的青铜泉等；以Cl^-、CO_3^{2-}、SO_4^{2-}等阴离子为特征命名的温泉，如氯化物泉、碳酸泉、硫酸泉等；以无机盐为特征命名的温泉，如以Na_2CO_3为主成分的重曹泉、以碳酸盐为主成分的重碳酸土类泉、以$NaCl$为主成分的食盐泉、以Na_2SO_4为主成分的芒硝泉、以$CaSO_4$为主成分的石膏泉、以$MgSO_4$为主成分的正苦味泉等。

以地质构造分类。温泉资源产生的地质结构有很多种，因此这也是一种重要的分类依据，最具代表性的是隆起断裂型热水和沉降盆地型热水。前者主要产生于元古界、下古生界变质岩，各类致密花岗岩和部分灰岩区。大气降水沿着裂缝流入地下后，在地热作用下升温，同时融入多种矿物质，最终沿断裂构造带导出地表；后者主要产生于中生代、新生代内陆盆地中，其地下水来源主要为地球水循环，即雨水雪水、地表水及河溪水。水流入地下后，储存在结构紧密的碎屑岩中，通过地热作用升温，水温依岩层深度各有不同，一般不自主导出地表，需经人工钻探后流出。

以物理性质分类。温泉的物理性质有多种，如以气体形式散发到地球表面的"热气泉"；水压过大导致自行涌出的"喷泉"；不定期涌出的"间歇泉"；泉水较为浑浊，含大量泥沙的"热泥泉"等。根据温泉出露温度的不同，可将温泉分为低温温泉（40℃以下）、中温温泉（40—60℃）、高温温泉（60—75℃）、沸腾温泉（75℃以上）四种。根据温泉的酸碱度，将 pH < 4 的称为酸性温泉，4 < pH < 6 的称为弱酸性温泉，6 < pH < 7.5 的称为中性温泉，7.5 < pH < 8.5 的称为弱碱性温泉，pH > 8.5 的称为碱性温泉。

3. 温泉旅游

对温泉旅游的定义较多，朱跃东认为，温泉旅游是以温泉沐浴为主要内容，以体验感悟温泉文化为主题，从而达到养生、休闲、度假等目的的旅游活动。黄向认为温泉旅游是以感受温泉沐浴文化为目的，将单一的温泉疗养的物质享受提升到符合现代消费的精神和文化层面，是一种以健康为主题，养生和休闲为辅的时尚旅游。在温泉旅游中，温泉资源是核心，旅游则是载体。综上可以将温泉旅游的概念界定为：以温泉和健康为出发点和落脚点，将现代化的精神层面消费体验及温泉文化感悟融入传统康体疗养的体验旅游。与传统温泉疗养地不同，温泉旅游地不仅仅将目光局限于发掘温泉自身的疗养价值，而且根据现代社会消费者的需要，将自然、娱乐、商务、餐饮、文化等多种元素融入其中，让消费者领略自然界神奇的同时享受现代化生活的便捷与多样，从而达到人与自然、传统与现代的和谐统一。

二　国外温泉旅游开发经验

（一）欧洲

欧洲是地球上温泉较多的大陆之一，目前，欧洲已有温泉5224处。欧洲大陆地区的地质构造古老而稳定，但中欧的南部和南欧，因非洲板块前缘的楔入，受到挤压产生阿尔卑斯褶皱，使古老的海西构造重新活动，使英国南部、法国中央高原、德国黑森林地区、莱茵谷地产生不同程度的上升、断裂、下陷，形成了错综复杂的中西欧断块山地和盆地，欧洲的温泉就主要集中在这两个地块。欧洲温泉地建设的初衷与亚洲差异较大，体现出鲜明的地域文化特征，主要表现为医疗效果与休闲娱乐并重，注重温泉品牌的打造。

1. 医疗效果与休闲娱乐并重

欧洲温泉根据功能可以分为两类。一类是与亚洲温泉类似的以康体疗养为目的传统保健型温泉，另一类则是以温泉为载体，附加休闲旅游、户外运动、商务谈判等多种功能的现代娱乐型温泉。

传统的欧洲温泉疗养地更重视温泉的保健效果。这些疗养地的温泉水经过严格处理，既能洗浴也能内服，因此有许多游客遵照医嘱，定时取泉饮用来辅助治疗自身的疾病。疗养地周围的宾馆、餐厅等场所也为游客提供了完善的配套服务。如宾馆提供24小时温泉洗浴服务，包括温泉喷雾、淋浴、按摩等形式，餐厅以温泉水为原料制作"温泉药膳"，以求将温泉水的药用价值发挥到极致。

现代娱乐型温泉则将发展重点由传统的疗养逐步转移到休闲旅游、户外运动等延伸功能上，且越来越受到游客的喜爱，逐渐成为目前欧洲温泉的主流经营种类。在这类温泉旅游地内，游客既能享受到传统的温泉洗浴服务，还可以品尝各地美食、进行高尔夫等户外运动、参加商务会议、体验美容塑身活动、进行观光旅游等。代表性温泉旅游地如德国巴登巴登的卡拉萨纳温泉度假中心、英国巴斯温泉美容健身中心、法国雷索思考达里温泉酒店等。

2. 品牌打造

对于品牌的打造与维护是欧洲温泉的一大特点。这其中一个重要的途径就是连锁式经营，这也是欧洲诸多温泉旅游地所采用的模式。具体措施包括各温泉连锁店统一商标口号、旅游产品、服务特色等，通过规模经济提升整体竞争力，以更好地实现抢占市场的目的。

（二）日本

日本是个岛国，位于太平洋与亚洲板块的结合处，多火山地震，也多温泉。日本是亚洲乃至世界上温泉最多的国家之一，有3500多处或 21758 眼温泉。作为享誉全球的温泉王国，日本拥有众多知名温泉旅游景点，如草津温泉、箱根温泉、定山溪温泉等，深受世界各地游客的喜爱。倘若对其从资源开采到经营推广过程中的每个环节都仔细考察，则会发掘许多值得中国各地温泉旅游业学习的经验①。

1. 温泉法律法规完备

日本政府很早就颁布了一系列涉及温泉旅游业的法律条文，为温泉旅游业发展创造了健全的法律环境。以"温泉法"为例，该法颁布于昭和五十九年（1984），是日本温泉旅游业内的"宪法"。该法对温泉地划分、温泉掘取等都有详细规定，如对于"特殊保护区"禁止使用温泉资源，对于"一般保护地区"限制使用温泉资源等。后来，日本各地政府根据"温泉法"内容，进一步制定了适宜本地的温泉管理条例。因此，日本到 20 世纪末已建成了中央—地方两级完善的温泉法律网络，这对规范日本温泉旅游业的发展意义重大。

2. 因地制宜，突出温泉情趣

日本各温泉旅游地经营者在初始的规划设计中，都十分重视将旅游与当地自然环境融为一体。因此，我们现在看到的大多数日本温泉旅游地都能与当地自然环境共同构成一个小型的自然生态系统，而人工干预的迹象则十分罕见。旅游地内部建设同样遵循这一理念，如依林造池、依山建馆等。这样游客便能够充分享受到人与自然和谐相处的快乐，从而达到日常都市生活中难以企及的天人合一的境界。

3. 注重温泉文化开发

除了注重与温泉所在地自然环境的融合之外，日本温泉旅游地经营者还将温泉旅游与当地文化相结合。这一点主要体现在两个方面，一是温泉旅游地内部人文环境的打造，如建造极具地域特色的步行街、广场、公园等建筑，提供极具当地民俗特色的家具、器皿、食物、服饰、节目等；二是温泉旅游地周边设施的统筹规划，如建造神庙神社、夜市、商店、博物馆、艺术厅等建筑。二者一内一外，共同形成了以温泉旅游地为中心的小型人文生态系统，使游客能够全面、

---

① 崔慧玉、蔡金昌：《中日温泉文化对比研究》，《边疆经济与文化》2016 年第 10 期。

深刻地感受到当地的民俗风情和人文环境，进而凸显出温泉旅游地的差异性。

4. 注重卫生清洁与礼仪规范

日本对于温泉水卫生管理有一套严格的制度，经营者与游客都在被监管之列。对于温泉经营者，各温泉浴池必须每小时进行一次新泉汇入，以保证水质；水质监测的频率为 1 小时一次；对输水储水设备必须定期进行清扫和消毒。对游客的管理也非常严格，进入温泉池前须先行沐浴，待身体清洁后方可进入浴池，以保证公共浴池的卫生安全。进入浴池时须全裸，并盘起头发，防止落发入池中。浴巾严禁在池中进行淘洗，以防止污染池水。禁止游客在池内高声交谈、进食、游泳等。

三 国内温泉旅游开发经验

纵观全国，广东、江苏、云南、四川、陕西等省份经过多年的发展，都具有较丰富的温泉旅游开发经验。现将其总结如下，以期为西北地区温泉旅游业发展提供参考。

（一）精选示范性温泉、打造温泉品牌

从温泉旅游开发经验中可以看出，树立温泉旅游标准，打造温泉品牌，依托品牌效应提升旅游竞争力是非常重要的[①]。广东省从 2007 年起，定期组织专家召开温泉品质认证评审会，对全省所有温泉旅游地进行评估，评估内容包括地理条件、水温、水质、基础设施条件、服务人员专业素质、价格等。通过专家评估的温泉被冠以"真温泉"之名，这些"真温泉"在今后将得到政府的大力推广，从而吸引更多的客流。通过对省内"真温泉"的评选，广东成功地在业内树立起温泉旅游开发运营的标准和规范，有效促进省内其他温泉旅游地在设施建设、经营管理等方面向其看齐靠拢，最终达到全面提升全省温泉旅游品质的目的。

在温泉品牌的打造方面，最具代表性的当数位于广东省珠海市斗

---

① 张志刚：《温泉旅游文化创意：辽宁的机遇、难题和路径》，《理论界》2016 年第 11 期。

门镇的"御温泉"旅游度假村。"御温泉"被国家旅游局评为"中国温泉旅游的领头雁",在品牌打造中十分注重服务的创新以及品牌文化内涵的拓展,形成了"御温泉"独特的品牌特征。"御"是御温泉品牌理念的核心,奉顾客为君王,凸显出高贵奢华的皇室品质。在此基础上,结合有效的品牌规划和包装,以及独特的商标口号和宣传广告,使"卓越、创新"的品牌核心与企业形象、产品、服务高度统一,最终成功地在中国温泉旅游业内占据了一席之地。

（二）注重提升温泉附加值

通过深度开发设计来提高温泉的附加值和吸引力。将温泉旅游与当地文化有机结合是温泉旅游附加值提升的重要途径。以江苏省汤山温泉为例,汤山温泉与天目湖温泉被誉为江苏温泉旅游业的"双子星",早在南朝就被封为御用温泉,因此受到历代王公贵族、墨客骚人的青睐,有"千年圣汤"的美名。当地的温泉度假村可以吃到地道的淮扬菜,汤泉湖里的鱼头是最具特色的本地美食。寒冷的冬天里,从热腾腾的温泉里泡完后,来一碗热腾腾的鱼头汤,是旅行者不可错过的体验。此外,温泉与观光旅游、娱乐健身、会议会展等的结合,成功实现了温泉旅游附加值的提升。

（三）注重周边环境与气氛的营造

将温泉旅游融入当地的自然风光之中,既符合人与自然和谐相处的发展理念,又能使游客体验"天人合一"的至高境界。在打造与周边环境相契合的温泉洗浴氛围方面,位于四川省贡嘎雪峰脚下的海螺沟温泉设计新颖。该温泉地处横断山系核心地带,境内绵延着众多常年积雪的山峰,巍峨险峻,气势磅礴。温泉日流量接近9000吨,涌出地表后沿崖冲下,形成"水帘"奇观。温泉周边水汽弥漫,多有飞虹出现,层峦叠嶂依稀可见轮廓,水声不绝于耳,别有一番情趣蕴含其中,给前来洗浴的游客极大的精神享受。

（四）注重温泉旅游可持续发展

在践行温泉旅游可持续发展理念方面,安宁温泉值得借鉴。安宁温泉位于云南省安宁市玉泉山,是具有千年历史的温泉景区,自古有"天下第一汤泉"的美名。近年来,随着国内温泉旅游的兴盛,古老的安宁温泉也被经营者大肆开发,但他们近乎"掠夺"的开发对安宁温泉的破坏是巨大的。在安宁温泉濒临枯竭的严峻形势下，当地政府从 2018 年秋起出台了堪称云南省，乃至全国最严格的温泉水保护条例。严格限制温泉水汲引量，并对大量水位较低的温泉井进行封井处理，力图通过自然水循环进行恢复，对于部分出露温度较低的温泉也采取封井措施。为了更好地监控热水井用水情况，温泉镇核心区29 眼水井均已经安装电子计量和远程监控设施。经营者的任何活动均处于监管中，大大提高了监控效率。该条例实施后取得了显著成效，有关数据显示，2019 年上半年，安宁温泉采掘量同比下降超过五成。此外，当地政府还通过积极宣传推广使当地居民学习领会温泉保护及可持续发展的理念。

四 对西北地区温泉旅游开发的借鉴及启示

由上述对欧洲、日本及国内温泉旅游开发成功经验的介绍，对西北地区温泉旅游开发的借鉴有以下六点。

（一）完善与温泉开发利用相关的法律制度

出台并完善温泉开发的法律制度，能够有效保障温泉资源的合理利用，防止过度开发。法律制度的存在还能够切实保障温泉开发者的利益，从而提高其投资的积极性，有效推动温泉旅游业发展。

（二）突出医疗保健作用

医疗保健作为温泉洗浴最基本的功能，一直受到开发者和游客的重视。虽然各温泉旅游地拓展了娱乐、商务、会议会展、购物等功能，但医疗保健仍是温泉旅游的核心功能。温泉旅游地应根据温泉水的化学成分推出相应的疗养计划，以满足游客的疗养保健需求。在此基础上对温泉旅游地的其他功能进行拓展，提高游客的满意度。

（三）融入当地自然环境

温泉旅游地不是独立存在的，只有将之融入当地的自然风光中，才能体现出不同于其他地方的特色。如日本的箱根温泉、伊豆温泉等都建在山涧溪谷地带，而北海道山形县藏王温泉则位于山岳高原地区。前者的旖旎柔美与后者的高远辽阔带给游客的体验是完全不同的，这就达到了突出温泉旅游特色的目的。

（四）融入当地文化

温泉旅游地不仅要与自然环境融合发展，还要融入地域文化中，这也是凸显温泉旅游地域差异性的重要手段。如欧洲一些温泉旅游地融入古罗马风格，日本温泉融入朴素的和风和传统的女侍接待方式。我国西北地区温泉在开发中要凸显西部特色和少数民俗风情，温泉旅游与当地的藏族、蒙古族、回族、土族等民俗风情结合，使温泉旅游成为城市或地区的活名片，起到传播推广当地文化的作用，最终达到促进当地旅游业发展的目的。

（五）严格把控环境卫生

由于医疗保健是温泉旅游的核心功能，因此作为影响温泉疗效决定性因素的温泉环境卫生就成为管理者重点关注的对象。要定时对温泉水质进行检测，定期对储水、输水装置进行消毒，对游客洗浴行为进行规范，这些都能起到保障温泉卫生环境的作用。

（六）打造温泉旅游品牌

品牌是一个产业的核心要素。温泉旅游业对品牌的打造包括设计名称图案、定位细分市场、制定差异化发展战略、完善环境设施（硬件）及经营管理方式（软件）、品牌公关等方面。首先是设计品牌名称与图案，如西北有些温泉坐落于雪山脚下，则名称或图案中就可融入"雪""雪山""星空"等元素，以突出其特点，快速抓住消费者眼球。其次是细分市场，西北地区的温泉，考虑将其融入西北旅游线路中，定位于国内外的客源市场。再次是制定差异化的发展战略，对于西北温泉旅游地而言，其发展战略应突出现代化、国际化，以满足来自国内外的游客需求，对离城市较远的温泉旅游地，则以凸显自然风光之美、打造原生态温泉旅游为主，注重融入当地的民俗风情。复次是软硬件设施建设，包括建筑风格、员工管理、服务方式等，都应以现代企业为参考目标[1]。最后是品牌公关，如采用网络社交软件等新兴渠道进行宣传推广，积极参与社会公益活动以提升消费者好感度，与周边景区合作推出旅游产品，提高温泉的知名度和影响力。

---

① 卓么措：《青海省民族文化旅游发展探析》，《旅游经济》2013年第14期。

第四节 西北地区地热资源概况

一 西北地区地热资源类型

我国地热资源按照赋存埋深和温度划分为浅层地热资源、水热型地热资源和干热岩性地热源三大类。根据地热资源富集的四要素即热源—通道—储层—盖层的特征，将水热型地热资源进一步细分为岩浆型、隆起断裂型和沉降盆地型三个亚类；将干热岩细分为强烈构造活动带型、沉积盆地型、高放射性产热型和近代火山型四个亚类。西北地区地热资源丰富，浅层地热资源、水热型地热资源和干热岩性地热资源三种类型都有。

（一）浅层地热资源

浅层地热资源指在太阳能辐射和地球深部热量形成的大地热流综合作用下赋存于地球表层恒温带至200m深的土壤、岩石和地下水中的资源，分布范围广，埋藏浅，储量大。浅层地热资源的水源来自大气降水，水热传导方式为热辐射传导，热储主要为浅层土壤和地下水，盖层为地表的沉积物。由于浅层地热资源埋藏深度较浅，受到地球内部传导的热量较少，因此温度较低，大多在25℃以下。浅层地热资源温度低，没有与地球深部的岩石发生深度的化学反应，水中的矿物质含量很低，一般用作浅层水源热泵供热制冷、地热供暖、种植和养殖等。

（二）水热型地热资源

水热型地热资源一般以热水的形式埋藏于200—3000m深的地下，有高温的岩浆型、中低温的隆起断裂型及沉降盆地型资源。高温岩浆型地热资源温度一般大于150℃，热源来自地壳浅部岩浆，水源以大气降水为主，还有少量的岩浆水，水热传导方式以对流为主，热储层有火成岩、沉积岩，热储形状以带状为主。由于温度较高，多在地表出露形成沸泉、喷泉、水热爆炸等，比较典型的为云南腾冲热泉、西藏羊八井热泉。西北地区远离板块边缘，没有高温岩浆型地热资源，多属于中低温地热资源。中低温地热资源的温度一般为40—150℃，其中，隆起断裂型地热资源的热源为深循环对流，水热传导方式以对流为主，热储层多为花岗岩、变质岩、沉积岩，一般呈条带状分布，面积较小。比较典型的有新疆沿着昆仑山、阿尔泰山、甘肃省沿着南北断裂带，陕西沿着秦岭北麓涌出的温泉等。而沉降盆地型地热资源的水热传导方式以传导为主，热储层通常为碳酸盐类沉积岩、砂岩等，呈层状兼带状分布，面积较大。比较典型的有新疆准噶尔盆地、新疆塔里木盆地、青海柴达木盆地、陕西关中盆地、宁夏银川盆地的温泉。隆起断裂型和沉降盆地型地热水都含有多种矿物元素和化学成分，用来发电的经济效益较低，一般用于地热采暖、医疗洗浴、矿产提取、种植养殖等。

（三）干热岩性地热资源

干热岩性地热资源的埋深一般大于 3000m，温度超过 150℃。2013—2014 年青海省在地下热水勘查的基础上，相继在共和县恰卜恰、贵德县扎仓沟深部发现干热岩资源，其中，共和盆地 3705m 深处钻获 236℃的高温干热岩体，这是我国首次钻获温度最高的干热岩体。干热岩地热资源主要用于发电，成本仅为太阳能发电的 1/10、风力发电的一半，可以用于供暖、石油开采等，应用潜力巨大。

二　西北地区地热资源分布特征

地热资源的分布具有明显的地带规律性。从全球来看，高温地热资源集中分布在相对比较狭窄的地壳活动地带，即全球板块的边界，又被称为板缘地热带，属于火山型地热，地表水热活动强烈。而中低温地热资源广泛分布于板块内部，又称为板内地热带，属于非火山型，通常无火山型或岩浆型热源，具有接近或稍高于地壳平均值的热流值或呈现局部地热异常现象。中国在地质构造上处于欧亚板块的东南部，东部与太平洋板块相接，西南与印度板块相接，地质构造决定了地热资源分布的特征。在东侧，由于欧亚板块与菲律宾海底碰撞，形成台湾岛中央山脉两侧的碰撞边界；在西南侧，由于印度板块和欧亚板块相碰撞，形成藏南聚敛型大陆边缘，这两条碰撞边界是我国构造活动最强烈的地区，也产生了高温水热系统。水热活动的强度随远离板块边界而减弱，所以我国地热水的分布呈现从中国大陆外缘（基本上由南向北，由东向西）由以沸泉、热泉、喷泉、喷气孔为主的高温水热活动向以温泉为主的低温水热活动过渡的趋势。因此，我国高温地热资源主要分布在西藏、滇西及台湾地区，即欧亚板块与印度板块边界的藏滇地热带和欧亚板块与太平洋板块边界的台湾岛地热带。中低温地热资源分布于板块内部的地壳隆起区和沉降区。西北地区远离板块边缘，没有板缘地热带，只有板内地热带。在板块内部的地壳隆起区有隆起断裂型地热资源，在沉降区有沉降盆地型地热资源。

（一）隆起断裂型地热资源

西北地区的隆起断裂型地热资源通常分布于山地，这些地区的断裂带已经过多期活动，成为地下水运动和上升的良好通道。大气降水渗入地壳深部经深循环在正常地温梯度下加热，在相对低洼如山前地带、山间盆地或河谷底部沿活动性断裂涌出形成温泉。隆起断裂型的热源是地下水在地壳内深循环过程中，在正常地温梯度下加热形成的，温度主要取决于循环深度、径流及排泄条件。地热水水质主要取决于围岩的成分，在花岗岩、火山岩及片麻岩地区，大多为低矿化度的重碳酸盐钠质型水，呈碱性，水中氟及硅酸含量较高。在灰岩及砂页岩地区，多为硫酸盐或重碳酸盐型水，含有氮、氦、氡等气体。新疆沿昆仑山、天山分布的地热水，甘肃沿祁连山、西秦岭等造山带和南北向构造带分布的地热水，陕西沿秦岭北麓大断裂带分布的地热水都属于隆起断裂型地热资源。

（二）沉降盆地型地热资源

沉降盆地型地热资源又可分为沉积断陷型和沉积坳陷型两类。沉积断陷型基底岩层内断裂系统发育，地下水深循环过程中在正常地温梯度下获得热量，地温梯度一般接近或高于正常梯度，基底岩层的上部有较厚的保温隔热盖层。地热水大部分来自大气降水，有的地区还有少部分封存水，水中富含氟及硅酸。沉积坳陷型盆地一般边界无控制性断裂，是边坳陷边沉积的条件下形成的连续沉积盆地，地下水在含水层中缓慢运动，与围岩趋于热平衡。地温梯度一般接近或稍低于正常地温梯度，因此，同一深度的地热水温度比沉积断陷盆地的低10—20℃。水源大多为古沉积水，矿化度高达100—200g/L，为高矿化度的热卤水，气体成分主要为甲烷。西北地区的沉降盆地型地热资源主要分布在新疆的准噶尔盆地、塔里木盆地、青海的柴达木盆地、陕西的关中盆地、宁夏的银川盆地及甘肃的河西走廊盆地等。

三　西北地区地热资源开发利用历程

（一）改革开放以前

新中国成立以后，地热水的利用主要以天然出露的温泉为主，用来洗浴、疗养等，用途单一且利用率低。20世纪50年代中央政府及各部委建立了很多温泉疗养院，主要接待高级干部、工人、伤员等。西北地区陕西省汤峪疗养院、勉县温泉疗养院，新疆乌鲁木齐水磨沟温泉疗养院、克拉玛依市阿拉山温泉疗养院，甘肃省武山温泉疗养院、清水温泉疗养院、通渭温泉疗养院，宁夏工人疗养院等都是这个阶段建立的，温泉疗养院的客源规模是基本固定的群体，温泉疗养消费大多是公费形式。由于没有扩大盈利的利益驱动，疗养院大多是旱涝保收的，也缺乏优良的服务吸引游客。这个时期的温泉大多以室内洗浴，疗养康复为主，缺乏游乐设施、休闲设施的建设，属于计划经济体制下的疗养设施。

（二）改革开放至20世纪末

改革开放后，我国开始向社会主义市场体制转轨，国家医疗制度开始改革。公费温泉疗养人数大幅减少，疗养院出现了生存危机，促使其开始向社会开放，吸引更多的消费者。随着资金的投入，更多的休闲娱乐元素融入温泉开发，大型的温泉度假村开始出现。温泉度假村不仅提供个性化的泡浴池、专业的美容和按摩理疗服务，还提供健身馆和其他运动场地。随着人们生活水平的大幅度提高，温泉旅游已经成为较高收入人群的时尚消费方式。温泉作为一种高附加值的旅游资源，被投资者看好，西北温泉也进入了崭新的阶段，形成了一大批温泉旅游地，如陕西的汤峪温泉、华清池温泉、华山御温泉，新疆的博格达尔温泉五彩湾温泉、沙湾温泉，青海的贵德温泉，甘肃的清水温泉、通渭温泉、武山温泉，宁夏的沙温泉等。

（三）西部大开发以后

随着西部大开发战略的实施，基础设施建设和生态环境建设取得突破性进展。地热资源作为一种绿色环保的可再生能源，不仅有洗浴疗养的功能，还是一种重要的清洁能源。高温地热资源可以发电，中低温地热资源可用作供热采暖、农业温室栽培、水产养殖，饮用水开发，矿物提取等。地热资源的用途越来越多，西北地区越来越重视地热资源的勘查开发和综合利用。在地热资源勘查方面，20世纪90年代以来，银川市首次钻探到60℃地热水。2013年，新疆帕米尔高原曲曼村及附近5km²范围内，发现温度为100℃左右的中温地热资源，开采量达5600m³/d，从地热资源的范围和热储赋存条件看，仅次于西藏的羊八井，居全国第二位。2014年，青海相继在贵德县和共和县钻获干热岩，这也是我国首次发现的干热岩，这两个县浅层地热、地热水和深部干热岩三种类型的地热资源共存，有梯级开发、综合利用的有利条件。在地热资源的综合利用方面，陕西省走在了前列。西安、咸阳等城市利用地热采暖，为防止资源浪费，采用梯级利用模式，热水井（70℃热水）—温室栽培（45—50℃热水）—温室苗床（30—35℃热水）—鱼类养殖（20—25℃热水）—农业灌溉，通过层级利用，提高了热能的利用效率，减少了高温尾水排放对环境造成的污染。

第二章 甘肃地热资源评价及温泉旅游体验研究

第一节 甘肃地热资源

甘肃省位于我国西北部,处在青藏高原、黄土高原、阿拉善高原交接处。地域总体形态为北西—南东分布的狭长地带,东西长约1500km,南北宽200—400km,面积约45.6万 km²。地热资源的形成与分布受大地构造及所处构造部位的控制,全球的高温地热资源分布在地壳活动地带,即目前公认的全球板块的边界,而低温地热资源广泛分布于板块内部。甘肃深处内陆,远离现代板块边界,地热活动强度也随之减弱,因此甘肃的地热资源属于板块内部的中低温水热系统。

一 地热资源形成的地质背景

甘肃省按照构造地貌可分为七个区,分别是北山中山区、河西走廊平原区、阿拉善高原南缘区、阿尔金—祁连山高山区、甘南高原区、陇中黄土高原丘陵区、陇南中低山区。北山中山区位于河西走廊平原以北,包括马鬃山、合黎山、龙首山等系断续的中山,海拔1500—2500m。河西走廊平原区是南边祁连山和北边马鬃山、合黎山、龙首山(合称走廊北山)之间的狭长地带,它主要是由祁连山北麓的许多洪积—冲积扇联合组成的山前倾斜平原。阿拉善高原南缘区是阿拉善高原被行政区划界线分割出来隶属甘肃省的一小部分。阿尔金—祁连山高山区位于河西走廊南部,山脉东起乌鞘岭,西至甘新两省（区）交界处。甘肃省的高山、极高山几乎全部集中于该区，区内山地高程多为4000—4500m。甘南高原区是青藏高原的东延部分，亦为本省重要的天然牧场。陇中黄土高原丘陵区位于甘肃省中部和东部，陇南山地以北，东起甘陕边界，西至乌鞘岭，接近南北走向的六盘山把陇中黄土高原分为陇东黄土高原和陇西黄土高原，这里是我国黄土高原受流水侵蚀切割、沟壑遍布的典型地区。陇南中低山区是秦岭的西延部分，由于新构造运动的强烈隆升和流水的急剧下切，形成山高谷深、峰锐坡陡的地貌形态。

甘肃的地热资源分布在板块交接带地质构造中，在地质构造运动伴随的造山带和沉积盆地区，基岩隆起，浅层构造复杂，形成了地热异常区和地热田。北山、祁连山、西秦岭三条造山带从北到南呈纬度向分布，大地热流值平均为71mw/m^2，远高于我国大陆地区大地热流平均值62mw/m^2，在造山带的构造断裂处形成了很多地热资源。河西走廊盆地、陇东盆地、陇西盆地分布着中低温地热资源，由于盆地的大地热流值相对于造山带较低，约为52mw/m^2，因此地热水的温度相比造山带较低。

二 甘肃地热资源分布

甘肃地域辽阔，地跨北山、祁连山、西秦岭三条造山带和安敦盆地、河西走廊盆地群、陇西盆地和陇东盆地。地质构造的复杂性造成了地热资源的多样性。地热资源按盖层、热流体通道、热储层、热源条件可分为隆起断裂型和沉积盆地型[①]。隆起断裂对流型地热资源主要分布于北山、祁连山、西秦岭造山带和南北向构造带。沉积盆地传导型中低温地热资源主要分布于安敦盆地、河西走廊盆地、陇西盆地、陇东盆地。

（一）南北构造带隆起对流型地热资源

南北构造带位于甘肃东南部的天水—武都南北一带，是我国中央造山带和南北向构造带的混合部位，也是我国著名的南北向地震活动

---

① 安永康、孙知新、李百祥：《甘肃省地热资源分布特征、开发现状与前景》，《甘肃地质学报》2005年第2期。

带，新构造活动明显，地温梯度和大地热流值均大于正常地温梯度和全球平均大地热流值。地热水资源丰富，温度较高，多在20—53℃之间，地热水如表2.1所示。

表2.1　　　　　　　　　天水及其南北地区地热水

温泉名称	水温T（℃）	流量（L/S）	pH值	矿化度	备注
清水汤浴河	52.5	6.94	7.8	1.3	锌为1.6mg/L居全国名泉之冠，锂为6.5mg/L，锶>13mg/L，称锂水、锶水
天水温家峡	39.4	41.6	7.9	0.35	氡含量94.5—124.3Bq/L
通渭汤池沟	54.2	9	8.3	1.3	氟、偏硅酸、氡达到命名矿水浓度，偏硼酸达到医疗价值浓度，为复合型优质温泉
通渭青土坡	24	4	7.5	1.5	—
武山温泉乡	38.6	8.39	8.7	0.2	氡为319.4—329.9Bq/L，F为16.2mg/L
天水中滩	32	30			—
秦安于夫子沟	27.1	0.86	7.8	1.64	氡含量较高，有医疗作用
通渭义岗	25	11.7	7.1	1.66	—
定西西巩义	23—29	2.5	8.1	2.6	锶为27mg/L，达到医疗锶水水质标准
礼县洮坪龙潭	19	0.43	9.1	0.21	硼酸含量高28.4mg/L
礼县桃坪老虎沟	19—27	0.22	—	—	硼酸含量高25.7mg/L，F含量14.0mg/L
文县石坊汤卜沟	19.5	5.98	7.8	0.47	—

注：表2.1—表2.7数据根据地矿局地热资料整理而成，— 代表未测量的指标。

（二）西秦岭造山带南带地热资源

西秦岭造山带沿白龙江复背斜两翼有4处地热水出露，如表2.2所示。舟曲龙达沟、迭部旺藏和迭部卡告三处地热水均处于南秦岭白龙江复背斜南翼，北西西向压扭性主干断裂北侧与其相对扭动产生的低级分支断裂组成的人字形构造斜交处。主干断裂为地下深部热源上升运移的良好通道，人字形构造为储水构造，志留系石灰岩、变质砂岩为含水层，南北两山区充沛的大气降水渗透径流补给，地下水源丰富，与深部上升的热源进行深循环加热形成地下热水，沿切割较深的沟谷涌出地面成为温泉。另外，本区志留系含具有工业价值的放射性铀矿，在其衰变过程中释放的热能对地下热水的形成可能也有影响。碌曲郎木寺地热水与迭部、舟曲地热水特征明显不同，因为二者不在同一断裂构造带上。迭部、舟曲地热水温相对较高，流量较小，热储为志留系石灰岩和浅变质砂岩。而碌曲郎木寺地热水温低、流量大，热储为二迭系石灰岩。虽然地热水温只有 18℃，但流量达 17280 吨/天，是甘肃唯一的中型地热田。

表2.2　　　　　　　　　　西秦岭造山带地热水

温泉名称	水温 T（℃）	流量（L/S）	pH 值	矿化度	备注
舟曲龙达沟	31	3.52	—	<0.5	—
迭部旺藏	25	0.58	7.4	1.44	游离 CO_2 2175.1mg/L，偏硅酸 21.6mg/L
迭部卡告	25	0.58	—	<0.5	—
碌曲郎木寺	18	200	—	<0.5	属甘肃唯一的中型地热田

（三）祁连造山带地热资源

祁连造山带地热资源分布在横跨甘青两省的祁连山加里东造山带，区域构造呈北西—南东向展布。受多期构造运动的影响，山区大断裂与复式褶皱发育，岩浆侵入活动频繁。在喜山期，祁连造山带西段大规模隆起，卷入青藏高原的范畴，强烈的构造活动与丰沛的降水为地热资源的形成提供了条件。但由于该区为高寒山区，人烟稀少，交通不便，大部分地区尚未开展区域水文地质工作，地下热水露头发现较少。在祁连山区所在的永登、武威、肃南、肃北等地发现六处地下热水（见表2.3）。这些地下热水主要分布在北西向区域性压扭性断裂与北西或北东向次级断裂的交汇部位，如在呈北西向展布的疏勒河—大通河河谷地带及黑河—八宝河河谷地带，这些相对低洼的河谷地带是深大断裂活动较为强烈的地段，而北西和北东向次级断裂又为深大断裂两侧基岩裂隙水的深循环提供了条件。从地热水出露点附近岩性分析，这些地热水的热储含水层为前长城系—奥陶系结晶岩层，热源来自深大断裂构造活动或深部岩浆活动。

表2.3 　　　　　　　　　**祁连造山带地热水**

温泉名称	水温 T（℃）	流量（L/S）	pH 值	矿化度	备注
永登药水沟	37	6.28	7.2	1.38	氡为 111Bq/L，偏硅酸 29.9—38.6mg/L 达医疗价值
永登龙王沟	28	5.26	7.1	2.02	铁含量高，Fe^3 + 0.6mg/L，Fe^2 + 0.36mg/L
武威西营	56	12.93	7.6	1.25	氟为 7.2mg/L，氡为 170Bq/L，偏硼酸 3.8mg/L，达到医疗矿水标准，锶为 2.1mg/L，达饮用矿水浓度
肃南湟城	29	2.5	—	1.25	—
肃南夹道寺	17	20	—	1.53	游离 CO_2 147mg/L
肃北硫磺山	30	2	—	—	有硫黄矿，拟议火山岩浆温泉有待证实

（四）北山—龙首山带地热资源

北山地区包括马鬃山、金塔南山、龙首山，属阿拉善地块，是多个构造的复合地带，构造地形复杂，岩浆侵入活动比较频繁。北山造山带处于准平原化阶段，构造活动性相对稳定，加之该地区降水稀少，地下水资源贫乏，地热水的形成受到制约，地热水流量小且不稳定。截至目前，在北山区仅发现三处地下热水的天然露头，北山南带赋存在花岗岩中的肃北大奇山地热水，金塔南山变质岩边缘的金塔天生泉地热水和龙首山北缘断裂带的山丹红寺湖地热水（见表2.4）。

表2.4 北山—龙首山带地热水

温泉名称	水温 T (℃)	流量 (L/S)	pH 值	矿化度	水化学类型
肃北大奇山	33	1.8	7.5	2.5	Cl·SO₄—Na·Ca
金塔天生泉	19.5	1	7.8	1.4	HCO₃·SO₄—Mg·Ca
山丹红寺湖	19.5	9	7.2	0.87	HCO₃·SO₄—Mg·Ca

（五）陇东盆地地热资源

陇东地区处于鄂尔多斯盆地西南部，属华北地块，具备形成中新生界自流盆地型和古生界碳酸盐岩溶型地热水的地质条件。鄂尔多斯为稳定地块上形成的克拉通盆地和上覆中新生代坳陷盆地，火成岩不发育，缺少生热率高的花岗岩，尤其西南部基底埋深大，致使地温场较中新生代活动强烈的华北大陆裂谷盆地和周边断陷盆地普遍偏低，只能形成低温地热田。处于天环向斜的镇原、泾川、灵台一线，盖层厚度较大，白垩系热储层埋深大，形成低温地热资源。处于天环向斜东翼斜坡带的华池、庆阳和宁县，由于盖层较薄、保温性差，只能形成温度偏低的地热异常区。鄂尔多斯盆地西缘冲断带与泾颉河新生代凹陷复合部位，白垩系六盘山群富水性很不均匀，且盖层较薄不利于热储，水温较低不具开发价值。平凉一带，奥陶系碳酸盐岩岩溶发育，是很好的热储层，但具有勘探深度大、温度偏低、水量不均匀的特点。陇东盆地地热水如表2.5所示。

表2.5 陇东盆地地热水

温泉名称	水温 T (℃)	流量 (L/S)	pH 值	矿化度	水化学类型/备注
华池元城	22	3.28	7~8	2~3	Na-SO₄·Cl
环县曲子	24.5	4.32	7~8	2~3	Na-SO₄·Cl
环县木镇	24	4.01	7~8	2~3	Na-SO₄·Cl
庆阳招待所	22	5.16	7~8	2~3	Na-SO₄·Cl
庆阳董志塬	22.5	2.35	7~8	2~3	Na-SO₄·Cl
宁县城南	24	150	—	2.29	Na·Ca-HCO₃·SO₄

续表

温泉名称	水温 T（℃）	流量（L/S）	pH 值	矿化度	水化学类型/备注
平凉市五里墩	25	110.8	—	0.81	Na-HCO₃·SO₄
平凉市郭家河	21.5	—	—	—	Na-HCO₃
平凉柳湖公园	20	5.48	7.5	12	Na·Ca-HCO₃·SO₄
泾川何家坪	39	22.2	7—8	1.24	Na·Ca-HCO₃·SO₄
泾川罗汉洞	29.5	0.3	—	1—2	Na·Ca-HCO₃·SO₄
灵台东沟	30	0.16	—	1—2	Na·Ca-HCO₃·SO₄
镇远平泉刘坪	26.5	4.57	7—8	—	SO₄、Cl-Na
平凉三天门	48.4	—	—	—	钻孔未达岩溶水的奥陶系三道沟组灰岩，因设备能力而终孔
平凉广成山庄	62	0.13	—	1.12	水动力条件差，富水性弱

（六）陇西盆地地热资源

位于甘肃中部的陇西盆地，基底构造为祁连造山带东段，四周环山基岩出露，它的范围大致为乌鞘岭—老虎山以南，西秦岭以北，六盘山—陇山以西，向西直至青海乐都北山青石岭—拉鸡山一带，总体呈不对称的菱形。陇西盆地地热水生成的水文地质条件与陇东盆地相似，也大多是地热异常区，水温不高。地热异常点（钻孔）分别处于陇西系旋扭构造带之间的中新生代会宁、靖远、榆中和永登盆地中，热储为第三系砂岩砂砾岩，呈层状，分布面积广，岩性厚度较稳定，地热水水温低，矿化度较高。陇西盆地地热水如表2.6所示。

表2.6   陇西盆地地热水

温泉名称	水温 T（℃）	流量（L/S）	pH 值	矿化度	水化学类型/备注
兰州运通大厦	60	5.83	8.28	4.6	Na-SO₄ 型，偏硅酸 37.5mg/L、偏硼酸 15.1mg/L 达医疗价值浓度，氟 2.4mg/L 达命名矿水浓度
榆中胡家营	17	5.49	7.5—8	1—2	Na·Ca-Cl·SO₄
永登观音寺	17.5	14.0	7.5—8	1—2	Na·Ca-Cl·SO₄
永登大涝池	18.5	2.75	7.5—8	1—2	Na·Ca-Cl·SO₄

续表

温泉名称	水温 T（℃）	流量（L/S）	pH 值	矿化度	水化学类型/备注
靖远东升赵家河	21	2.8	7—8	5—7	Na-Cl·SO₄
靖远五合二道渠	24	10.15	7—8	5—7	Na-Cl·SO₄
会宁五十里铺	23.8	0.67	7.3	23.9	Na·Ca·Mg-SO₄·Cl
兰石厂	55	—	—	—	—

（七）河西走廊盆地群地热资源

河西走廊盆地群处于河西走廊坳陷带，南界为祁连山北缘断裂带，西侧与北侧的阿尔金断裂、龙首山南缘断裂与塔里木、阿拉善地块分开，走廊坳陷带的基底主要由早古生代地层构成，其内充填了巨厚的中新生代沉积物。安敦盆地位于河西走廊西段，处于阿尔金断裂北侧，还有三危山等一系列断裂，祁连山、阿尔金山地区冰雪消融水和大气降水入渗形成的地热水水温均在 20℃以下。河西走廊盆地从西往东有酒泉、张掖、武威等盆地，处在青藏地块应力场的正面挤压部位形成压陷性盆地，受导热断裂构造作用影响，可形成局部地热异常带。河西走廊盆地群地热水如表 2.7 所示。

表 2.7　　　　　　　　　　　河西走廊盆地群地热水

温泉名称	水温 T（℃）	流量（L/S）	pH 值	矿化度	水化学类型
高台南华	24	—	—	—	—
高台盐池	20.5	10	—	0.56	Na-SO₄
肃南莲花寺	22.5	5.7	8.3	0.51	Na-Cl·SO₄
酒泉暗门庙	19	10.63	8.5	0.54	Na-SO₄·Cl
酒泉漫水滩	15	3.96	7.6	0.23	Mg·Ca-HCO₃
民勤蔡旗	24.5	3	7.8	0.47	Na·Ca-SO₄·Cl·HCO₃
民勤重兴	29.5	1.04	—	0.56	Na·Ca-HCO₃·SO₄
永昌朱王宝	19	—	—	—	—
安西	15	7.27	7.8	0.9	Mg·Ca-SO₄·Cl
敦煌东水沟	17			3.5	Na-Cl·SO₄

续表

温泉名称	水温 T（℃）	流量（L/S）	pH 值	矿化度	水化学类型
敦煌西水沟	19	1.27	—	1.1	Na-Cl・SO_4
敦煌新店台	18	1.9	—	0.72	Na-Cl・SO_4
敦煌城湾	16.5	0.25	7.8	0.92	Na-SO_4・Cl
敦煌孟家井	16.5	2.11	8.35	2.2	Na-Cl・SO_4

　　地下热水温度下限按 15℃ 起算，据 2015 年统计，甘肃温泉和地热异常孔有 62 处[①]，其中 15—25℃ 热水异常点 34 处，25—40℃ 低温热水 21 处，40—60℃ 中低温热水 7 处（见图 2.1）。

图 2.1　甘肃省地热分布图

第二节　甘肃典型地区地热水评价

　　地热资源在 21 世纪绿色低碳发展中扮演着重要的角色。在各地

---

　　① 王艳平、孙巧芸：《温泉旅游研究导论》，中国旅游出版社 2006 年版。

地热资源大开发的背景下，进一步开展地热可持续性方面的深入研究，推断温泉补给来源，估算温泉热储潜力，这对保护天然资源，避免过度开发，实行合理利用，实现可持续发展是非常重要的。

一　研究范围及方法

（一）研究范围

天水及其南北地区处在华北板块、华南板块和青藏板块的交界地带，新构造活动强烈。有利的大地构造位置、强烈的新构造运动，使得该区成为甘肃省隆起断裂对流型地热资源开发的有利地段①，选择此区的地热水作为研究对象。研究区位于甘肃东南部的天水—武都南北一带（N：34°21′—35°39′，E：104°29′—106°17′），包括天水、定西及陇南部分地区（见图 2.2）。研究区北部地表黄土覆盖广泛，西迄华家岭，东至六盘山，南接西秦岭，周边环山基岩出露，其间被中新生代盆地分割，形成盆山相间展布的格局。近东西向祁连—西秦岭造山带和近南北向隐伏构造带构成了此区的地质特征。研究区由两条岩浆构造带和其间的坳陷带组成。东岩浆构造隆起带处在张家川—清水—成县一线；西岩浆构造隆起带处在通渭—武山—舟曲一线；两隆起带之间为坳陷带和新生代断陷盆地。此区的基底地质有印支、燕山期花岗岩（主要有花岗闪长岩、花岗正长岩和正长斑岩），泥盆系变质岩（主要有黑云母石英片麻岩、黑云母斜长片麻岩）和老第三系砂岩、砂砾岩和砂质泥岩。

地热水的分布受区域地质构造，特别是断裂构造的严格控制。区内地热水分布多沿基底区域性断裂和重力梯级带反映的近南北向隐伏断裂分布，且多出现在两组断裂交汇部位，尤其受近南北向构造控制更明显，甚至有些地热水成群沿近南北向排列。如沿通渭—武山—舟曲西隆起带分布的武山和通渭温泉（样品 8、9、10、11、14 和 15）；沿清水—成县东隆起带分布的天水和清水温泉（样品 5、6、12 和 13）。地热水的出露温度多在 14.5—54.2℃，属隆起断裂对流型地热资源。

---

① 张守训、李百祥：《天水及其南北地区温泉分布的地质——地球物理特征》，《西北地震学报》2006 年第 3 期。

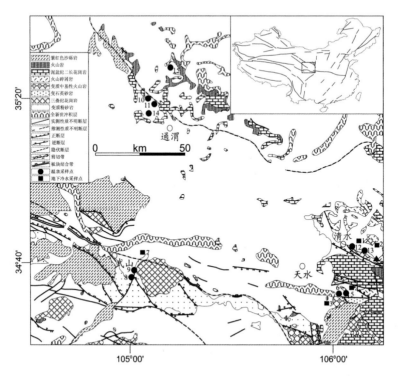

图2.2 天水及其南北地区地质略图及采样点

（二）研究方法

为了系统地研究地热水的水文地球化学特征，在天水及其南北地区采集15个水样，包括温泉水样8个，冷泉水样2个，浅层井水样5个。温度、pH值、EC和TDS用Multi350i现场测量，测量精度分别为0.1℃、0.01pH单位、1uS/cm和0.01mg/L。所有样品均用直径为0.45um的过滤头过滤，然后收集到用去离子水多次漂洗过的聚乙烯塑料瓶里。用优级纯硝酸酸化阳离子和SiO_2，未经酸化的样品用来测量阴离子浓度。主要化学元素Na^+、K^+、Ca^{2+}、Mg^{2+}、Cl^-、SO_4^{2-}和NO_3^-用离子色谱法在兰州大学西部环境重点实验室测量，HCO_3^-和CO_3^{2-}含量用酸碱滴定法滴定得出，SiO_2用原子吸收法在兰州大学分析测试中心测量。$^{18}O/^{16}O$和D/H采用同位素质谱仪在中国科学院地理科学与资源研究所环境同位素实验室测试。稳定同位素$^{18}O/^{16}O$利用CO_2平衡法，以VSMOW表示，精度为0.2‰；稳定同位素D/H用锌还原法测定，以 VSMOW 标准表示，分析精度为 2.0‰。

二　水化学特征

对水样的主要离子、氟和可溶性 SiO_2 进行分析，具体水化学分析结果如表 2.8 所示。通过 Piper 图（见图 2.3）可以分出研究区地热水主要有 HCO_3 型水和 SO_4 型水两种类型：（1）$Ca-HCO_3$、$Na \cdot Ca-HCO_3$ 和 $Na-HCO_3$ 型水，浅层井水、武山和天水的泉（样品 1—9）属于一组；（2）$Na \cdot Ca-SO_4$、$Na \cdot Ca-SO_4 \cdot Cl$、$Na-SO_4 \cdot Cl$ 和有混合特征的 $Na-HCO_3 \cdot SO_4 \cdot Cl$ 型水，通渭和清水的泉（样品 10—15）属于一组。

（一）重碳酸型水

研究区采集的浅层地下冷水样、武山与天水的温泉（样品 1—9）温度为 11—38℃，pH 为 7.53—9.06，呈碱性。TDS 含量较低，范围在 224mg/L 到 378mg/L。阴离子以 HCO_3 为主，所有水都属于 HCO_3 型。Piper 三线图表明 4 个浅层地下冷水（样品 1、2、3 和 7）中 Ca 为主要阳离子，水化学类型为 $Ca-HCO_3$，浅层井水（样品 4）和武山冷泉（样品 8）水化学类型为 $Na \cdot Ca-HCO_3$。这说明大气降水在与包含少量方解石的岩石相互作用的最初的阶段，能与方解石和含 $Ca-HCO_3$ 组分的矿物快速达到平衡。原因是温度接近 25 度时，方解石的溶解度是其他铝硅酸盐的 10^2—10^6 倍（取决于 pH 值大小）[1]。天水和武山温泉（样品 5、6 和 9）的温度较高，为 36.9—38℃，阳离子以 Na 为主，属于 $Na-HCO_3$ 型。天水温泉热储层分布着大量的黑云母斜长片麻岩、碳酸盐岩夹陆源碎屑岩及厚层含白云质碳酸盐岩，武山温泉热储层分布着酸性花岗岩，水化学特性表明地热水在深循环过程中由于温度升高，溶解能力增强，可能与围岩产生溶滤作用。$Na-HCO_3$ 和 $Na \cdot Ca-HCO_3$ 水的 SiO_2 含量（25.7—55.0mg/L）远高于 $Ca-HCO_3$ 水（11.4—16.5mg/L），说明 $Na-HCO_3$ 水的深循环时间比 $Ca-HCO_3$ 水的深循环时间长。总之，以上地热水的温度都略高于当地年平均气温，表明这些水来自浅层的水文地球循环，是水岩相互作用初级阶段的典型表现。

---

① Stumm, W., Morgan, J. J., Aquatic Chemistry: Chemical Equilibria and Rates in Natural Waters, 3rd ed, John Wiley and Sons Press, 1996.

表2.8　天水及其南北地区水化学分析结果（mg/L）

样号	类型	T（℃）	pH	TDS	Ca	Mg	Na	K	HCO_3	Cl	SO_4	NO_3	F	SiO_2
1	井水	10.2	7.61	224	59.2	13.6	17.2	3.0	241.0	9.9	18.1	1.8	n.d	11.4
2	井水	11.2	7.7	321	59.7	13.7	17.2	3.0	360.0	13.3	19.0	11.3	n.d	16.5
3	井水	15.2	7.54	281	69.9	9.9	39.2	1.5	250.2	11.3	44.4	8.2	n.d	24.2
4	井水	16.5	7.8	294	31.7	4.0	92.1	2.3	256.3	13.6	38.6	4.9	8.3	25.7
5	温泉	38	9.06	231	0.2	0.01	90.6	1.1	115.9	9.9	36.3	0.0	11.8	48.9
6	温泉	36.9	8.66	226	1.2	0.01	89.7	1.2	137.3	7.1	30.6	0.0	8.9	42.5
7	井水	12.1	7.53	378	100.4	19.8	28.7	4.9	262.4	20.6	50.7	119.0	n.d	12.2
8	冷泉	15	7.94	255	27.3	2.0	75.9	1.4	253.2	7.3	29.5	0.4	5.2	49.5
9	温泉	38.6	8.73	238	0.1	0.03	86.5	1.2	91.5	8.6	33.2	0.0	16.2	55.0
10	温泉	51	8.07	1273	145.3	2.8	383.3	14.4	33.6	424.0	988.3	0.0	5.2	48.6
11	温泉	54.2	8.06	1267	140.7	2.0	378.1	11.9	39.7	280.6	666.4	0.0	4.6	48.4
12	温泉	53	7.82	915	129.8	1.7	391.4	15.6	58.0	98.6	845.4	0.0	5.6	61.2
13	温泉	49.3	7.71	930	115.1	1.2	335.3	11.7	57.9	71.6	598.7	0.0	4.7	27.6
14	冷泉	14.5	8.05	634	22.9	20.2	222.2	1.8	366.1	127.0	208.8	19.4	1.8	13.2
15	温泉	25	7.5	1793	100.2	45.2	363.0	16.4	333.2	307.4	567.7	0.4	4.1	56.0

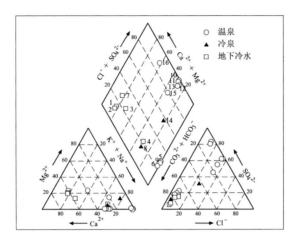

图2.3 天水及其南北地区水样的派珀三线图

（二）硫酸型水

通渭和清水温泉（样品10、11、12、13和15）的温度为25—54.2℃，pH为7.1—8.07，呈中性偏弱碱性。TDS为915—1793mg/L，含量较高，阴离子以SO_4（567.7—988.3mg/L）为主。清水温泉（样品12、13）的水化学类型为$Na \cdot Ca\text{-}SO_4$，通渭温泉（样品10、11和15）的水化学类型为$Na \cdot Ca\text{-}SO_4 \cdot Cl$和$Na\text{-}SO_4 \cdot Cl$。萨布丽娜·帕斯托雷利等（Sabrina Pastorelli et al.）也曾验证了大气降水与片麻岩有限的相互作用产生$Ca\text{-}HCO_3$或$Na \cdot Ca\text{-}HCO_3$型水，而长期的水岩相互作用会产生$Na\text{-}SO_4$型水[1]。除了结晶岩的硫化物的氧化溶解，其他过程如$Na\text{-}HCO_3$水与硬石膏之间有限的相互作用也会产生$Na\text{-}SO_4$型水。清水和通渭温泉的出露地层上部为第四系黄土及第三系泥岩覆盖层，下部及其温泉周围的沟谷谷底均为包含混合质片麻岩俘虏体的华力西期花岗岩。这组硫酸型水的水化学特性表明了大气降水与清水和通渭温泉热储层中的花岗岩及混合质片麻岩发生溶滤交换作用。清水和通渭温泉中均有H_2S气味，是由硫酸盐在还原条件下形成

① Pastorelli, S., Marini, L., Hunziker, J. C., "Chemistry Isotope Values (δD, $\delta^{18}O$, $\delta^{34}S_{SO_4}$) and Temperatures of the Water Inflows in Two Gotthard Tunnels, Swiss Alps", *Applied Geochemistry*, Vol. 16, No. 6, 2001.

的。通渭冷泉（样品 14）的水化学类型为 Na-HCO$_3$·SO$_4$·Cl，有较低的温度（14.5℃）和中等的 TDS 含量（634mg/L），显示了硫酸型地热水与低矿化度的冷水发生混合的特征。

从图 2.4 可以看出天水及其南北地区地下水 TDS 与主要的离子 Na、Ca、K、Cl、SO$_4$、Mg 及 SiO$_2$ 含量之间正相关趋势不太明显，但是随着 TDS 的增大，这些离子有增大的趋势，而 Mg 的含量有减少的趋势。Mg 含量低的原因可以解释为，一方面，由于采集的温泉岩样中的主要化学成分是 SiO$_2$（70.7%）和 Al$_2$O$_3$（14.6%)），MgO（0.26%）含量很低，可知地热水中 Mg 的来源极为有限；另一方面，在硅酸参与下，Mg^{2+} 可能与围岩中矿物反应而被消耗。虽然地热水在深循环过程中存在着广泛的 Na-Ca 阳离子交换作用，但温泉中的 Ca 含量随着矿化度的增加而增加，这是由于储层花岗岩体含有大量的石英、长石、云母等铝硅酸盐矿物，钙含量的增加可能与钙长石的溶解有关。多西卡等（Dotsika et al.）也曾在希腊的 Chios 岛验证了温泉中的高钙含量是由于高温条件下水热矿物（Na-K 长石，方解石，白云母等）的溶解达到平衡，与浅层冷水的混合作用无关[①]。

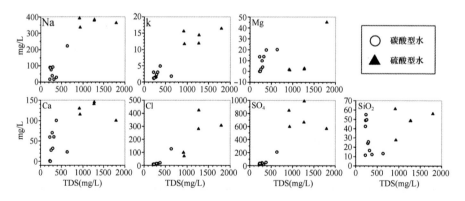

图 2.4 天水及其南北地区水样的 TDS 与各种离子之间的关系图

① Dotsika, E., Leontiadis, I., Poutoukis, D., et al, "Fluid Geochemistry of the Chios Geothermal Area, Chios Island, Greece", *Journal of Volcanology and Geothermal Research*, Vol. 154, No. 3 - 4, 2006.

（三）高氟水

值得注意的是，武山地热田中冷泉和温泉中的氟含量很高（14.8—16.2mg/L），远远高于冷水中氟含量和我国的饮用水规定的1mg/L。地热水中的高氟含量可能是花岗岩中含氟的黑云母溶解形成的。蔡奇谭等曾在韩国中源地区做过黑云母和整个花岗岩的分批溶解实验，得出高氟含量（达到6mg/L）是从200米深的黑云母中沥滤出的。虞岚总结了地热水中 F⁻ 来源的两种途径①，一种途径是由于岩石中含有黑云母，当黑云母蚀变为绿泥石时，释放 F⁻ 进入水中；另一种途径是一些层状硅酸盐矿物或角闪石中含有氟，氟可以与 OH⁻ 产生类质同象置换，也有利于氟的富集。而武山地热田基底有燕山期侵入岩大面积分布，岩性为浅灰—浅灰红粗粒花岗岩，含黑云母、角闪石等，所以才形成了如此高的氟含量。而武山冷水中的氟含量较低，可推测一方面是由于冷水水岩作用时间短，水中溶解的氟含量少；另一方面，冷水中的 Ca 离子含量高（100.4mg/L），可与氟离子形成难溶的沉淀物，从而导致冷水中的氟含量的降低。

通过对天水及其南北地区地热水的水化学特征分析可知，天水和武山的地热水为重碳酸型，通渭和清水的地热水为硫酸型，武山地热水中 F 含量很高，主要原因是水岩相互作用过程中从大面积分布的花岗岩中的黑云母溶滤出的。水化学特征显示了地热水在深循环过程中与不同的围岩经过长时间的相互溶滤作用。

三　稳定同位素特征

在地下水的研究中，同位素技术是研究地下水资源属性的有效工具。同位素数据可以区分地热水的三种来源，如岩浆水、海水和大气降水。在研究区采集的水样点的 δD 和 $\delta^{18}O$ 范围分别是 $-83‰$——$-61‰$和 $-12.1‰$——$-7.0‰$。这些数据表明没有岩浆水的存在，因为岩浆水的同位素范围②是 δD：$-40‰$——$-80‰$，$\delta^{18}O$：$+6‰$——

①　虞岚：《我国部分地下热水中氟的分布与成因探讨》，硕士学位论文，中国地质大学，2007年。

②　Giggenbach，W. F.，"Isotopic Shift in Waters from Geothermal and Volcanic Systems Along Convergent Plate Boundaries and Their Origin"，*Earth and Planetary Science Letters*，Vol. 113，No. 4，1992.

+9‰。水样的电导率476—576uS/cm，而且 Cl 含量较低，如此低的
δD、$\delta^{18}O$ 和 Cl 含量也排除了地热水的海洋起源。研究区水样点的稳
定同位素的组成和分布见表2.9 和图2.5，从图中可以看出大多数水
样点沿着全球大气降水线（GMWL）和西北大气降水线分布。西北大
气降水线是高志发用西北地区5个地方的气象站常年平均数据计算得
出的，西北地区大气降水线为 $\delta D = 7.38\delta^{18}O + 7.16$（r = 0.978，n =
100），这与全球大气降水线比较接近，而斜率和截距均稍小，反映了
西北地区降水量偏小，更为干旱的特征。武山井水（样品7）的同位
素有点偏离大气降水线，是因为武山井水的表面积比其他井水大，有
利于水的动力蒸发，从而引起同位素含量增大。

表2.9　　　　　　天水及其南北地区地下水的同位素分析结果

样号	1	3	6	7	8	9	10	13	14
δD（‰）	-61	-62	-83	-62	-77	-81	-82	-83	-65
$\delta^{18}O$（‰）	-8.4	-8.8	-12.1	-7.0	-11.5	-11.5	-12.3	-11.8	-9.7

　　从图2.5可以看出，研究区的温泉、冷泉、浅层井水的 δD 和 $\delta^{18}O$
含量逐渐增高，这可能表明构造活动区大气降水向地壳深部迁移经深
循环作用，以地热水的形式返回地表的过程中，其氢氧同位素组成的
变化与地表水向空中迁移时出现的同位素分馏作用具有相似的变化特
征。因此地下水渗入地壳越深，水温越高，深循环流经的途径越长，
其 δD、$\delta^{18}O$ 值降低越多。δD 通常不会发生漂移，因储层矿物中氢含
量一般较低，交换反应对地热水中氘同位素影响不大。$\delta^{18}O$ 漂移的程
度取决于热储层温度、停留时间、水岩相互作用程度[1]。地热水的
δD、$\delta^{18}O$ 值的变化趋势基本上是沿西北地区大气降水线平行下移，
但是没有出现明显的 $\delta^{18}O$ 漂移。因此，研究区地热水较低的同位素

①　Motyka, R. J., Nye, G. J., Turner, D. L., et al., "The Geyser Bight Geothermal Area, Umnak Island, Alaska", *Geothermics*, Vol. 22, No. 4, 1993.

交换反映出其热储温度不高，这在其他中低温地热系统中已经被验证[①]。由以上分析可知天水及其南北地区地热水来源无疑是大气降水，且是未受水—岩同位素交换明显影响的地热水。

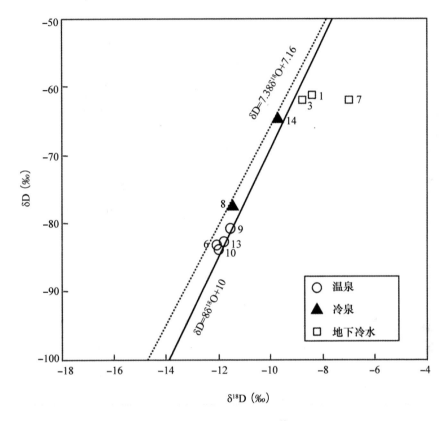

图 2.5　天水及其南北地区水样的 $\delta^{18}O$ 与 δD 关系图

稳定同位素分析表明，天水及其南北地区地热水是大气来源的。相对于浅层井水，地热水有相对低的 δD 和 $\delta^{18}O$ 含量，说明地热水经历了相对长的地下深循环（见图 2.6）。大气降水沿着断裂带下渗，随着吸收地球内部的热量，水温逐渐升高，可能与武山和天水储层中

① Koh, Y., Choi, B., Yun, S., et al, "Origin and Evolution of Two Contrasting Thermal Groundwaters (CO₂-Rich and Alkaline) in the Jungwon Area, South Korea: Hydrochemical and Isotopic Evidence", *Journal of Volcanology and Geothermal Research*, Vol. 178, No. 4, 2008.

黑云母斜长片麻岩、碳酸盐岩相互作用，改变了水溶液中的化学组分，然后沿着断裂破碎带上升，在武山和天水的河谷地带以泉的形式出露，形成出露温度较低（15—38℃）的低矿化度（226—255mg/L）的重碳酸型水。武山地热水中F含量很高，主要原因是在水岩相互作用过程中从大面积分布的花岗岩中的黑云母溶滤出的。大气降水可能与通渭和清水热储层中花岗岩及混合质片麻岩相互作用，形成出露温度稍高（25—54.2℃）的较高矿化度（915—1793mg/L）的硫酸型水。通过对井水、冷泉、温泉的水化学特征分析发现，地热水在深循环过程中，与围岩发生长时间的溶滤交换作用，相对于浅层井水含有更高的 Na、K、Ca、Cl、SO$_4$ 和 SiO$_2$。这说明地热水的水化学特征主要受围岩及与围岩相互作用的程度所控制。

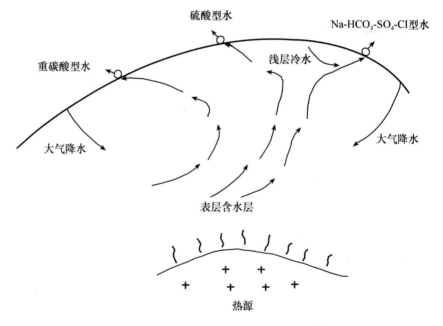

图2.6   天水及其南北地区地热水形成的概念模型

四   地热潜力分析

在地热水研究和开发利用中，热储温度是划分地热系统成因类型和评价地热资源潜力所不可缺少的重要参数，地热温标法是提供这一参数的经济有效的手段。目前常用的地热温标有 SiO_2 温标和阳离子温标，在应用各种温标之前须判断水—岩平衡状态。

根据斯特凡·阿诺森（Stefan Arnorsson）的研究：低温地热水的水—岩平衡过程中的 SiO_2 含量不仅受控于石英而且受控于玉髓的溶解度，当温度小于 110℃时，玉髓溶解度控制着溶液中的硅浓度[①]。从表 2.10 可看出，除了天水温泉（样品 5、6 和 9）的玉髓和石英均未达到饱和状态外，其余各水样的玉髓相比石英的饱和指数更接近于 0，表明水与玉髓基本处于平衡状态。这与阿诺森研究结果相符。因此，对研究区水温较低、无沸腾气化现象、pH 值接近中性的地热水，可以认为无蒸汽损失的玉髓温标给出了较为可靠的温度，而无蒸汽损失的石英温标给出的值偏高，从某种程度上，它给出了最高温度。

表 2.10　　　　　　　各水样点石英和玉髓矿物的饱和指数

样号	5	6	8	9	10	11	12	13	14	15	16
SI（玉髓）	-0.543	-0.804	0.584	-0.097	0.168	0.133	0.255	-0.052	0.016	0.523	0.228
SI（石英）	-0.153	-0.410	1.045	0.294	0.522	0.479	0.604	0.307	0.479	0.952	0.648

吉根巴赫首次提出了 Na-K-Mg 三角图解，用来评价水—岩平衡状态和区分不同类型的水样。此图分为完全平衡水、部分平衡水和未成熟水三个区域，利用该图可判断地热水是否适合用阳离子温标。由图 2.7 可知，武山和通渭的冷泉、通渭义岗温泉（样品 8、14 和 15）样点落在 $Mg^{1/2}$ 附近，属于未成熟水。这些水样中 Mg 含量较高，同位素又类似于大气降水，表明稀释起着主导作用。原则上用阳离子地热温标估算这些未成熟水样平衡温度是不合理的。而其他水样点落在部分平衡区，可以用阳离子温标计估算。从表 2.11 看出天水和武山温泉（样品 5、6 和 9）的 Na-K 温标低于 K-Mg 温标估算结果，这是由于天水和武山温泉都属于重碳酸型水，水温不高，水中 Na、K 没有达到离子交换平衡，所以不适用于 Na-K 温标。法比安·塞普尔韦达（Fa-

① Arnorsson, S., "Application of the Silica Geothermometer in Low Temperature Hydrothermal Areas in Iceland", *American Journal of Science*, Vol. 275, No. 7, 1975.

bian Sepulveda）等也提出 Na-K 温标最适合于估算富 Cl 的，特别是平
衡温度 >180℃ 的地热水①。天水和武山温泉（样品 5、6 和 9）的 Na-
K-Ca 温标估算结果明显偏高，这是由于 Na-K-Ca 温标联合了 Na-K 温
标和 Na-Ca-CO_2 指数，它不仅是温度的函数，还受 PCO_2 强烈影响。因
此这种对 PCO_2 变化非常敏感的含 HCO_3 离子较多的地热水，也不适
用于 Na-K-Ca 温标。

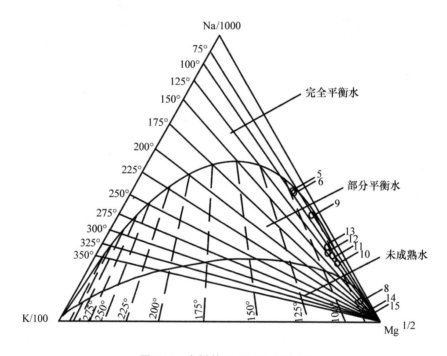

图 2.7　水样的 Na-K-Mg 三角图

　　总体来说，除 K-Mg 温标和玉髓温标计算结果近似外，同一水样
采用不同地热温标计算结果差别很大，说明不同地热温标适用条件各
不相同。武山和通渭冷泉（样品 8、14）的水化学特征和同位素特征
表明它们受浅层冷水的混合，地热温标显示它们在第二储层约在

　　① Sepúlveda, F., Dorsch, K., Lahsen, A., et al., "Chemical and Isotopic Composi-
tion of Geothermal Discharges from the Puyehue-Cordon Caulle Area (40.5°S), Southern Chile",
Geothermics, Vol. 33, No. 5, 2004.

30℃达到再平衡。综合运用 SiO$_2$ 温标和阳离子温标，估算天水及其南
北地区地热水的热储温度在70—111℃，这与图2.7所示的热储温度
范围一致，表明天水及其南北地热水属于同一中低温地热资源。按照
甘肃东部的地温梯度 g（35℃/km）[1]，推算地热水的循环深度为
1.91—3.08km，属于正常的地热增温型地热资源。

表2.11　　　　　　　　　不同地热温标估算的热储温度

编号	出露温度（℃）	石英传导温标[1]	玉髓温标[1]	K-Mg 温标[2]	Na-K 温标[3]	Na-K-Ca 温标[4]
5	38	100.7	70.74	95.58	47.58	133.42
6	36.9	94.34	63.88	96.82	52.73	90.73
8	15	100.8	70.9	38.6	70.0	32.6
9	38	106.3	76.7	82.8	54.2	151.3
10	51	100.42	70.51	56.68	113.51	82.51
11	54.2	100.32	69.71	60.18	111.91	81.85
12	53	111.51	82.34	65.04	116.74	87.56
13	49.3	75.92	44.49	65.82	107.2	78.7
14	14.5	48.47	15.93	19.85	29.48	50.89
15	25	107.15	77.63	32.25	126.76	94.89

注：各温标提出者如下所示：

①Fournier, R. O., "Subility of amorphons silica in water at high temperatures and high-pressures", American Mineralogist, Vol 62, 1977；②Giggenbach, W. F., "Geothermal solute equilibria. Derivation of Na-K-Mg-Ca geoindicators", Geochimica et Cosmochimica Acta, Vol 52, No 12, 1998；③Ibrahim, C., "A new improved Nalk geothermometer by artificial neural networks", Geothermics, No 6, 2002；④Fournier, R. O., Truesdell, A. H., "An empirical Na-K-Ca geothermometer for natural waters", Geochimica et Cosmochimica Acta, Vol. 37, 1973.

　　对热储温度估算时须对水—岩平衡状态进行判断。天水及其南北
地区地热水与玉髓更接近平衡，Na-K 温标估算的温度代表地热系统
深部滞留时间较长，富含 Cl 的高温地热水。Na-K-Ca 温标通常不适合

---

① 雷芳、董治平、刘宝勤：《甘宁青地区地温场及其与地震的关系》，《甘肃科学学报》1999 年第 3 期。

于对 PCO$_2$ 敏感的重碳酸型地热水，而 K-Mg 温标较适用于低温热水系统。综合运用各种地热温标，估算出天水及其南北地区地热水的热储温度范围在 70—111℃，属于潜力较好的中低温地热资源。大气降水是温泉的主要补给源，天水及其南北地区年均降雨量 500mm 左右，单泉流量也多在 10L/S 以下。区域性干旱气候是甘肃温泉流量衰减的主要原因，近年来地热水作为旅游资源开发引起开采量的增加，影响了水资源的可再生性，使得大多数温泉的开采量大于天然流量，因此应采取采、停交替的方式，否则地热水资源将面临枯竭的危险局面。

第三节　甘肃温泉旅游地开发序位评价

一　甘肃温泉旅游地概况

（一）甘肃名泉简介

1. 清水汤浴温泉

清水汤浴温泉位于清水县城东北约 7km 处，出露于清水牛头河支流汤浴河下游。它距国家 5A 级旅游景区——麦积山石窟约 100km，是麦积山景区的一个辐射景点，距天水市 60km，距省会兰州市 385km，在陇海线以北 50km 处，交通较为便捷，区位条件良好。

清水汤浴温泉为全国十三大名泉之一。水温高达 54℃，日出水量 570 吨，为含氡的硫酸钠钙型泉水。泉水透明，微呈蓝色，略有 H$_2$S 气味。此水中含有微量元素锌、锶、锂、锗、硅、硼等，其中被誉为"生命之花"的锌含量居全国之冠。锌是一种与人生命攸关的元素，它不仅是"智慧"元素，而且是维持人体各种酶系统的必需成分，有很高的医疗价值。1992 年国家地矿部、甘肃省地矿局测试中心平行取样检验，该泉水四项指标（矿化度、锶、偏硅酸、锂）同时达到国家规定的天然饮用矿泉水指标，唯有氟含量超标、锶含量略超标，经过处理就可成为珍贵的饮用天然矿泉水。温泉浸浴时可促进血液循环，加快新陈代谢，长期洗浴对慢性风湿性关节炎、神经衰弱、慢性肠胃炎、各种神经炎等疾病均有显著疗效。

清水温泉的开发有悠久的历史。据近年出土的铜币、瓷器残片等文物证实，在宋代天圣至靖康年间（1023—1127），清水温泉已被人们开发经营，明代已成为"陇上胜迹"。明崇祯十五年（1624），巡按御史李悦心题诗："水性原皆冷，此泉何独温？天留千载泽，池贮四时春。善洗身心病，蒸销眼耳尘。好乘天际马，洒鬣暖吾民。"诗碑至今完好。清乾隆年间清水温泉被列为"清水八景"之一。清代县令朱超主持修屋三楹，供游人休憩，题"香胜华清"匾额，还写下了"温泉胜华清，咏归爱新浴"的诗句。民国时期，由秦陇督军李及兰与时任县长主持重修温泉屋舍，将温泉命名为濯缨池。李及兰撰写《濯缨池记》以记载开幕仪式的盛况："陇山之麓，渭水之滨。天赐流泉，滢静温馨。洗尘涤虑，媲美华清。放牛归马，濯足濯缨。"新中国成立前清水温泉仅有两个浴池，条件很差。为了充分利用自然资源，20世纪50年代开始大规模修建，1957年甘肃省总工会在此建立了清水工人疗养院。目前温泉已开发利用的有轩辕汤浴温泉、甘肃省体育训练基地和清水温泉度假村。景区以温泉、森林、山峦、河流为基调，森林滴翠，山峦俊秀，河水潺潺，温泉腾腾，置身其间恍若来到世外桃源。

2002年省体育局在温泉景区建设了甘肃省清水县玉泉体育训练基地。它是甘肃省体育局投资兴建的一座集运动训练、健康保健、温泉洗浴、休闲娱乐、住宿餐饮、会议培训为一体的综合性旅游度假村和全国青少年夏令营基地。2005年由天水大地房地产有限公司投资4400多万元开发的清水汤浴温泉，占地面积48000m^2，有宾馆、餐饮住宿楼、游泳馆、人工湖、音乐喷泉等设施等，风景秀美，环境幽静。2006年甘肃省天水昊峰集团公司在依山傍水的清水工人温泉疗养院，投资11400多万元建成甘肃一流的集疗养、休闲、旅游、度假、会议、餐饮、娱乐为一体的疗养胜地和温泉度假村。

2. 通渭汤池沟温泉

通渭汤池沟温泉位于通渭县城西南8km处，距省会兰州160km，距定西、天水等周边县区约1小时车程，境内310国道、靖天公路、通甘公路、马陇公路横穿县城，交通便利、地理位置优越。

通渭汤池沟温泉水温51—54℃，日出水量6000吨，属硫酸钠型矿泉。温泉以水温高、水量大，水质优而居西北温泉之首，有"陇上神泉"之美誉。泉水富含铁、碘、钙、钾、镁、钠、硼酸、氟、氢、氡等 16 种元素和化合物。其中锶、锂、偏硅酸、硼四项指标都大于《国际饮用矿泉水》标准的规定,为全国少见的多微复合型优质矿泉水。通渭温泉铁含量达到 35mg/L,是中国著名的铁泉之一。铁泉可浴可饮,浸浴时铁离子可透过皮肤被机体吸收,对皮肤黏膜有明显的收敛作用,可用于治疗湿疹、下肢溃疡、慢性妇科炎症、风湿性关节炎、神经痛、神经官能症等;饮用铁泉主要用于治疗各种缺铁性疾病,如贫血、慢性失血性贫血、寄生虫性贫血、月经不调、萎黄病、营养不良等。

通渭温泉历史悠久,据《通渭县志》记载,利用汤池河热矿泉饮浴保健治病已有千余年历史。据北魏郦道元《水经注》记载:"温水自黑水峡至岑峡,南北十一水注之,北则温谷水,导平襄县南山温溪,东北流经平襄故城南。"今之通渭即古之平襄县。明代成化年间,工部郎中通渭籍诗人王瓒就写过"通渭八景"之一的"温泉冬涨":"万壑琼瑶早雪天,灵泉汩汩泛青烟,路人莫讶色如涨,谁煮金鹅不记年。"清朝道光年间,通渭知县屠旭初在此主持建二亭,以分男女之浴,并写成《温泉志》,"地无茂林绿荫交加,山非秀岭层峦红云缭绕","四季温暖,可以熟鸡蛋,(治)多年疾病,入池久浴,汗出病愈,立起成疴",有"神泉"之称。

通渭温泉度假村于 2006 年 12 月正式运营,已被评定为国家 3A 级旅游景区。为了尽快开发温泉资源,加快地方经济发展,2009 年通渭县决定开发通渭温泉城。温泉城建设项目以"西北温泉第一城"为区域形象定位,按"一轴、一环、七区、一带"的空间结构布局,主要包括中心景观区、洗浴娱乐区、商务会展区、温泉养生区、酒店度假区、健身拓展训练区和游泳场馆区七大功能区。该项目占地 214 亩,总投资 1.5 亿元,由定西悦心房地产开发公司投资建设,为集休闲、度假、会议等多功能于一体的生态园林式温泉度假村。

3. 武山温泉乡温泉

武山温泉乡温泉位于甘肃省武山县温泉乡温泉村,已建成甘肃省卫生厅直属的一所集康复修养、专科诊疗和旅游接待为一体的综合性疗养院,也是甘肃省干部疗养基地。该院距省会兰州市 260km,距著名的武山水帘洞、甘谷大象山景区仅 30km,距闻名全国的天水麦积山石窟和石门风景区、漳县贵清山森林公园约 100km，地理位置优越，交通便利，是旅游、疗养、休闲、度假的首选胜地。

武山温泉乡温泉水温常年保持在 38—45℃，人工露头和天然露头总自流量为 540m³/d，是国内外稀有的氡型碳酸氢钠复合温泉。温泉水中富含放射性氡、钡、钼、锂、硅、锶、钾、钙等多种微量元素，具有良好的医用价值。温泉水中氡含量达到 294Bq/L，属于我国十大氡泉之一。在温泉泡浴过程中，放射性氡能刺激身体免疫淋巴细胞的分裂，提高机体的免疫力，对心血管、风湿、神经系统等疾患有很好的治疗作用。

武山矿泉疗养院占地 8 万余平方米，建筑面积 1.5 万平方米，下设武山温泉度假村、甘肃省武山皮肤病医院、附属洛门康复医院等，在兰州、天水两地分别设有办事机构。疗养院内拥有别墅楼、贵宾楼、竹心居、标准间、普通间等多种客房套型及普通包厢、豪华和多功能餐厅。另外还设有康复理疗中心、休闲娱乐中心、多功能洗浴中心、特色餐饮中心、歌厅网吧、民族风情演艺、篝火晚会、温泉游泳馆、健身房、水上游乐园、大中小型会议室、拓展集训基地等休闲娱乐设施，供游人选择。

4. 泾川何家坪温泉

泾川何家坪温泉位于甘肃省东部秦陇交界，在西王母故里泾川县城以东 7 千米处。东距古都西安 240 千米，西离省城兰州 400 千米，南距重镇宝鸡 180 千米，北到塞上银川 500 千米，紧靠 312 国道、银武高速和西平铁路，交通便利，信息通畅，依山傍水，风景宜人，环境优雅。

泾川何家坪温泉于 1971 年开始开发利用，当时地质部门在此勘探石油时偶尔发现了这一珍贵的天赐资源。温泉水常年恒温 38.2℃，日出水量 1920 立方米/日，属重碳酸氢钠型矿泉水。泉水流而不腐，滑而不腻，温而不烫，泉水含有 13 种微量元素，水质优良。经常沐浴能锻炼心肌，保护心脏，强身健体，解除疲劳，刺激神经末梢，促进血液循环，保持皮肤洁净润滑。温泉对神经痛、关节炎和初期高血压等有很好的医疗保健作用。

依托温泉水资源优势建成的泾川温泉宾馆是一所国有旅游涉外四星级饭店，现已发展成"一带一路"旅游热线上的一颗璀璨明珠和甘肃省东部旅游特色接待"窗口"单位之一。温泉宾馆占地31374.1平方米，融洗浴、游泳、住宿、餐饮、娱乐、购物、健身、美容、桑拿按摩、避暑疗养、旅游度假于一体。这里服务设施配套齐全、食宿浴环境舒适幽雅、周边旅游景点星罗棋布，是游客洗浴游泳、住宿餐饮、理疗娱乐、商务洽谈、避暑疗养、休闲度假的绝佳胜地。

5. 天水麦积温家峡温泉

天水温家峡温泉位于天水市街亭古镇，距天水市火车站19千米，距全国四大石窟之一的麦积山石窟仅26千米，是游客理想的度假休闲地。

温家峡温泉水温39.5℃，日出水量3600立方米，水质为碳酸氢钠型。富含对人体有益的硅、锂、硼、锶、钼、钴等19种微量化学元素，泡浴后皮肤光滑细嫩，身心舒畅，对神经衰弱、失眠、高血压、心脏病、脑溢血后遗症、关节炎、皮肤病、脚气等有极好的医疗保健保用。街亭温泉度假村是集洗浴、游泳、住宿、餐饮、娱乐、会议接待为一体的综合性娱乐场胜地。每年夏天，度假村还开放野营基地，让宾客自行扎营，寄情山水，领略大自然风光。

6. 武威药王温泉

武威药王温泉位于武威市西南45千米的凉州区西营镇五沟村，省道武九公路穿境而过，交通便利。温泉水温高达55℃，自然流量达358立方米/日。锂含量1.67—1.82mg/L，HBO_2含量3.88—3.89mg/L，达到医疗矿水浓度，锶含量2.1—2.28mg/L，达到饮用矿泉水浓度。还含有氡、氟、硼等其他微量元素，该泉水对多种疾病具有极佳疗效，有很高的疗养价值。2018年在凉州天药五泉原址上斥资6.9亿元打造的武威温泉度假村正式营业。度假村风景秀丽，建有温泉水世界、中医养生理疗馆等功能区，有60多个功效不同的泡浴池、绿色氧吧、神秘谷主题公园、水上风情木屋等，是一处集温泉旅游度假休闲的胜地。

7. 永登药水沟温泉

永登药水沟温泉位于永登县河桥镇，距兰州120千米，距兰青铁路海石湾站20千米，并有海石湾—连城铁路支线和兰州—连城公路通往河桥镇，交通便利。

永登药水沟温泉出水口温度38℃，自然流量550立方米/日。温泉水中偏硅酸含量较高为29.956—38.58mg/L，并含锶、硅酸、锌、锰、铜、碘、锂等微量元素，对皮肤病、风湿性关节炎、急性肠炎等慢性疾病有良好的疗效，具有很好的开发利用价值。温泉所在地周边旅游资源富集，可与国家4A级旅游风景区兰州吐鲁沟国家森林公园、全国重点文物保护单位鲁土司衙门等主要景点整合形成集休闲避暑、度假疗养、考古参观于一体的生态文化旅游区。

（二）甘肃温泉旅游开发现状

甘肃深处内陆，远离板块边缘，水热活动强度不大。按照我国温泉的下限25℃计算，甘肃有温泉28处，其中25—40℃有21处，40—60℃有7处，都属于中低温地热资源。温泉是地热活动在地表的一种表现形式，它的分布受区域地质构造，特别是断裂构造的严格控制。甘肃温泉主要分布在天水—武都南北向构造带，陇东盆地和祁连山造山带，具有明显的区域性特征（见图2.8）。在经济相对发达和人口密集的城市重点开发温泉资源，目前开发运营的温泉度假村有6处，处于初期开发阶段。其他地区的温泉受水质、水量、区位等条件限制，用作简单的洗浴、灌溉养殖等，而在有些偏远山区温泉未得以开发。

温泉资源是温泉旅游地赖以发展的物质基础，是产生旅游吸引的主要因素之一。温泉资源的开发利用主要受温度、出水量和矿物含量3个因素的综合影响[①]。甘肃已开发运营的6处温泉度假村，温泉温度适中38—56℃，水量大、含有多种微量元素（见表2.12）。武山温泉乡温泉、天水麦积温家峡温泉和泾川何家坪温泉属于重碳酸型矿泉，其中，武山温泉乡温泉氡含量高达294Bq/L，与广州从化温泉、陕西临潼华清池温泉同属于我国优质氡泉。清水汤浴河温泉、通渭汤池河温泉和武威药王泉属于硫酸盐型矿泉。其中，清水温泉中被誉为"生命之花"的锌含量居全国名泉之冠。通渭温泉中的铁含量达

---

① 王华、彭华：《温泉旅游开发的主要影响因素综合分析》，《旅游学刊》2004年第5期。

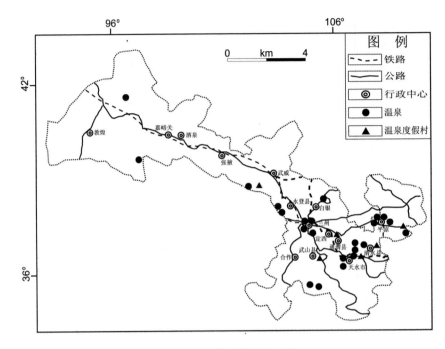

图2.8　甘肃省温泉分布图

35mg/L，与黑龙江五大连池矿泉，云南腾冲迭水河矿泉同属于我国著名的三大铁泉。

　　20世纪50年代，国家在通渭、清水和武山建立三处工人疗养院，发挥了温泉的医疗保健功能。改革开放后，随着国家医疗体制的改革，公费医疗逐渐取消，温泉开始盈利，温泉疗养院开始转向温泉度假村。甘肃省开发的温泉度假村分别是天水地区的清水汤浴河温泉、武山温泉乡温泉、天水麦积温家峡温泉、定西地区的通渭汤池河温泉、平凉地区的泾川何家坪温泉和武威地区的武威药王泉。但由于温泉所在地经济落后，城市规模小，本身产生旅游需求的能力很低，又远离主要的省外客源市场，再加上可进入性差，这些因素直接制约着甘肃温泉旅游的发展。甘肃温泉旅游以疗养、休闲娱乐为主要功能，以室内温泉为主，开发规模较小，这种开发模式还属于医疗体制改革后我国温泉旅游开发的第一阶段（见表2.13）。

表 2.12　　甘肃省主要温泉旅游地温泉资源比较

指标 温泉	清水汤浴河温泉	武山温泉乡温泉	天水麦积温家峡温泉	通渭汤池河温泉	武威药王泉	泾川何家坪温泉
出露温度（℃）	53	45	38	54	56	38
日出水量（m^3/d）	570	700	3600	2236	1000	1918
温泉类型	含硫化氢和氡 Na-Ca-SO₄ 型	含氡 Na-HCO₃ 型	含氡 Na-HCO₃ 型	含铁 Na·Ca-SO₄·Cl 型	含锂、偏硼酸 Na-SO₄·Cl	Na·Ca-HCO₃·SO₄ 型
微量元素（种）	>10	38	19	32	>10	13
主要治疗功能	风湿性关节炎、神经官能症、慢性肠胃炎	关节炎、坐骨神经、脑血管疾病后遗症、肺心病	神经衰弱、高血压、心脏病、脑溢血后遗症	皮肤病、风湿病、脉管炎、白癜风、妇科病	风湿关节炎、皮肤病	神经痛、关节炎、冠心病、初期高血压

注：据作者 2012 年 9 月实地调查完成。

表 2.13　甘肃省主要温泉旅游地发展情况

温泉　　指标	清水汤浴河温泉度假村	武山矿泉疗养院	通渭汤池河温泉度假村	天水麦积街亭温泉度假村	泾川温泉宾馆	武威药王泉温泉疗养山庄
开发（年）	1957/2005	1954	1958/2006	1987	1971	2007
投资额（万元）	15800	4100	1200	1000	8430	500
占地面积（m²）	3.2 万	2.4 万	1.78 万	0.94 万	7.49 万	5.33 万
主要功能设施	温泉宾馆、康体中心、会议疗养区	武山皮肤病医院、疗养楼、多功能水疗部拓展训练基地	洗浴中心、"农家乐"庭院、餐饮区	洗浴中心、餐饮中心	温泉宾馆、康体娱乐区、饮食娱乐区、会务疗养区	洗浴中心、餐饮中心
利用人数（人/天）	800—900	1600	300—400	50—60	1500	40
温泉深度（m）	7	500	450	350	1680	8
从业人员（个）	132	240	45	70	117	16
投资计划	洗浴、疗养、健身	康复疗养、专科医疗、旅游接待	洗浴、疗养	洗浴、理疗健身	洗浴、疗养、健身	洗浴

注：资料来源于作者 2014 年 9 月实地调研资料和企业内部资料。

二　构建温泉旅游地开发序位评价模型

（一）温泉旅游地开发序位评价指标体系

构建一套比较合理、完整的指标体系，是正确评价温泉旅游地开发序位的前提和基础。本书试图从旅游功能系统的角度构建评价模型。冈恩（Gunn）在2002年提出了一个新的旅游功能系统模型，在这个模型中，供给和需求两个最基本的要素相互匹配构成旅游系统的基本结构。旅游目的地的供给影响游客出游决策和目的地选择，需求是推动游客出游的重要因素。温泉旅游地开发序位评价从供给和需求的角度，遵循整体性和动态性相结合的原则，构建评价模型如图2.9所示。

在温泉旅游地开发序位评价模型中，供给子系统由旅游吸引物、交通、服务与设施、信息与促销等构成[1]，主要体现旅游资源条件中的温泉品质、环境质量和旅游开发条件中的基础设施，这三个方面很好地体现了旅游产品作为一种组合产品的特点。温泉资源是温泉旅游地赖以发展的物质基础。温泉资源的品质主要受温度、矿物含量和出水量的综合影响，因此选取温度、出水量和医疗保健价值3个因子来评价温泉资源的品质。休闲度假地对环境的要求非常严格，高质量的环境是度假区成功的基础。温泉旅游地的环境质量也是影响游客体验的重要因素，选取森林覆盖率和气候舒适度两个因子来评价环境质量。旅游气候本身是一种重要的旅游资源，它的舒适性影响旅游目的地选择和旅游季节长短。基础设施是旅游载体，不完善的基础设施可能会降低人们的旅游意愿或重游的可能。选取温泉所在地公交车普及度、旅游接待能力两个指标评价基础设施状况。其中公交车普及度并不意味着游客倾向于使用公交车作为出游工具，而是它基本反映了一个地区的整体基础设施水平[2]。

---

① 保继刚、刘雪梅：《广东城市海外旅游发展动力因子量化分析》，《旅游学刊》2002年第1期。

② 王莹：《杭州国内休闲度假旅游市场调查及启示》，《旅游学刊》2006年第6期。

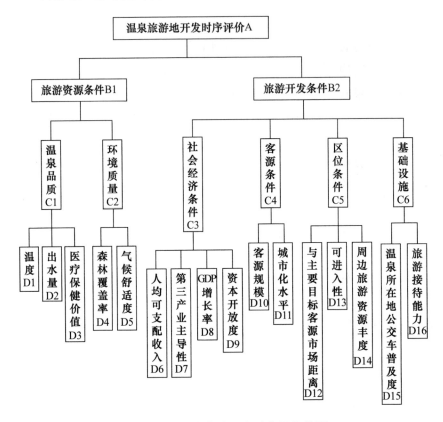

图 2.9   温泉旅游地开发时序评价模型

在温泉旅游地开发序位评价模型中，可自由支配收入和时间无疑是影响需求的最重要的两个因素，而这两个因素又外生地决定于全社会的劳动生产率。从需求角度选取经济发展条件、客源条件和区位条件三个方面作为评价因子。温泉旅游地的开发是一种利用温泉资源再开发的高投入旅游项目，其所依托的区域经济发展水平在某种程度上决定了温泉旅游地的开发规模和消费层次，因此选取人均可支配收入、第三产业主导性、GDP 增长率和资本开放度四个指标评价温泉旅游地经济发展条件。客源是旅游主体，温泉旅游地需要依托较理想的城镇群才能达到维持经营的门槛游客量。目前，中国还处在二元经济结构中，城镇居民仍然是旅游活动的主体，城市化水平在一定程度上决定客源地的出游率。因此选取客源规模和城市化水平两个指标评价客源条件。区位条件指温泉旅游地与客源地的相关位置，在很大程度上，它决定着旅游业发展的条件和地位。由于温泉旅游较为单一，若与温泉项目周边的旅游资源组合，可以增强温泉旅游项目的吸引力。因此选取温泉旅游项目到主要目标客源市场拓扑距离、温泉旅游地可进入性和温泉所在地周边旅游资源丰度三个指标评价区位条件。

（二）确定评价因子权重

温泉旅游开发序位评价模型中影响温泉旅游开发序位的因子很多，但各因子的影响方式和强度不同，因此首先采用德尔菲法调查评价因子权重值。本书向旅游局、高等学校的旅游和地理等相关专家发放 35 份问卷，收回 26 份。然后利用 Matlab 矩阵运算软件求出各因子的权重值，具体结果如表 2.14 所示。为保证判断矩阵中两两比较取值的严谨性，对其进行一致性检验，得出 $CR \leqslant 0.01$，说明判断矩阵具有满意的一致性。最后根据菲什拜因—罗森伯格模型，把评价因子及其权重相乘再相加，可得出温泉旅游地开发序位评价结果。

表 2.14　　　　　　　温泉旅游地开发序位评价因子权重表

评价综合层	权重	评价项目层	权重	评价因子层	权重
旅游资源条件	26.39	温泉品质	7.85	温度	2.98
				出水量	2.75
				医疗保健价值	2.12
		环境质量	18.54	森林覆盖率	4.41
				气候舒适度	14.13
旅游开发条件	73.61	经济发展条件	27.38	人均可支配收入	10.74
				第三产业主导性	4.48
				GDP 增长率	6.12
				资本开放度	6.04
		客源条件	18.75	客源规模	10.48
				城市化水平	8.27
		区位条件	12.85	与主要目标客源市场距离	4.01
				可进入性	6.12
				旅游资源丰度	2.72

续表

评价综合层	权重	评价项目层	权重	评价因子层	权重
旅游开发条件	73.61	基础设施	14.63	温泉所在地公交车普及度	7.07
				旅游接待能力	7.56

温泉旅游地开发时序综合模型：

$$A = 26.39B1 + 73.61B2$$

从表 2.14 可以看出，温泉旅游开发条件的权重值远高于温泉旅游资源的权重值，显示了温泉这种度假型旅游地的开发已经从资源导向型向市场导向型转变。虽然旅游资源是旅游业赖以生存的基础，但旅游开发是对旅游资源的加工再造，离开了对当地经济、社会、环境的依托，旅游业也就成了无本之木。

温泉资源条件子模型：

$$B1 = 7.85C1 + 18.54C2$$

温泉资源条件子模型中环境质量的权重远高于温泉品质的权重，说明对温泉度假地来说，环境质量比温泉资源品质更重要。王莹在国内休闲度假旅游市场调查中得出 72% 的旅游者认为自然环境质量是休闲度假者最看重的要素。因此，温泉度假地是否能吸引旅游者，不仅仅靠高品质的温泉资源，更重要的在于其综合氛围与整体环境能否很好地满足旅游者的休闲需求[1]。

温泉旅游开发条件子模型：

$$B2 = 27.38C3 + 18.75C4 + 12.85C5 + 14.63C6$$

经济发展水平、客源规模、区位和基础设施都是旅游开发的必备条件。温泉旅游开发条件子模型中经济发展水平的权重最大为 27.38，很显然旅游业的发展水平历来与区域经济的发展程度呈正相关。其他三个因子权重相差不大，客源条件决定出游潜力，区位条件影响可进入性，基础设施是支持旅游发展的必要条件。

---

① Iso-Ahola, S., "Toward a Social Psychological Theory of Tourism Motivation: A Rejoinder", Annals of Tourism Research, Vol. 9, No. 2, 1982.

（三）评价因子赋值标准

人们主观给评价因子赋值，评价结果难免缺乏客观性。为尽可能减少主观因素，以国家和地区权威机构公开发行数据为最基本依据，以期增强评价的客观性与可操作性，完善整个体系的公正性、合理性和可靠性。以甘肃为例对各评价因子赋值略做说明，甘肃温泉旅游开发序位评价模型中各因子赋值情况如下。

采用规范的统计资料。温度（D1）、出水量（D2）根据甘肃地矿局地热统计资料获得；森林覆盖率（D4）、人均 GDP（D6）、GDP 增长率（D8）、客源规模（D10）、城市化水平（D11）、旅游接待能力（D16）（由于资料可得性的限制采用餐饮业收入来代替）的数据从甘肃省统计年鉴获得。

可量化指标。医疗保健价值（D3）由甘肃省地矿局地热专家根据各温泉中所含的对人体有益的矿元素打分得出，最高分为 10 分，最低分为 0 分。气候舒适度（D5）采用温泉所在地近 10 年月平均气温、月平均相对湿度和月平均风速，运用比较公认的陆鼎煌提出的综合舒适度指标计算公式 $S = 0.6 | T - 24 | + 0.07 | RH - 70 | + 0.5 | V - 2 |$ 得到。第三产业主导性（D7）＝第三产业生产总值/GDP × 100%。资本开放度（D9）＝实际利用外资/GDP × 100%。考虑到甘肃温泉地的主要客源市场在省内，运用 ArcGIS 空间分析法对温泉地与甘肃省各城市建立拓扑关系图，计算温泉地到甘肃其他各城市的空间直线距离总和（D12）。由于 D12 越大表示温泉地的通达度越低，因此对计算结果进行倒数换算。温泉地可进入性（D13）用连接度 β 指数和通达度来表示，β ＝交通网中边的数量/交通网中顶点的数量。温泉地周边旅游资源丰度（D14）采用温泉所在地区 3A 级及以上旅游景区的丰度。温泉地公交车普及度（D15）＝年末实有公交车营运车辆/年末总人口（式中各市县公交车营运数量数据来源于甘肃省交通厅运管局）。

经过量化后的各评价因子的单位不统一，对其进行标准化处理（见表 2.15）。具体用公式 Pi = xi – min/max – min，Pi 为指标转换后的无量纲值，xi 为转换前的该指标值，min 为最小值，max 为最大值，转换后的数据在无量纲化的条件下才具有可性比。

表2.15　温泉旅游地评价因子赋值表

指标＼温泉	D1	D2	D3	D4	D5	D6	D7	D8	D9	D10	D11	D12	D13	D14	D15	D16
平凉市五里墩	0.06	1.00	0.00	0.39	0.31	0.14	0.51	0.10	0.41	0.64	0.58	0.45	0.80	0.63	1.00	0.35
泾川阿家坪	0.48	0.20	0.56	0.63	0.31	0.14	0.46	0.53	0.11	0.64	0.06	0.25	0.87	0.63	0.14	0.12
泾川罗汉洞	0.20	0.00	0.65	0.63	0.31	0.14	0.46	0.53	0.11	0.09	0.06	0.25	0.87	0.63	0.14	0.12
灵台东沟	0.21	0.00	0.16	0.63	0.31	0.11	0.71	0.48	0.05	0.06	0.05	0.16	0.13	0.63	0.01	0.02
镇远平原刘坪	0.11	0.04	0.00	0.34	0.23	0.02	0.52	0.24	0.12	0.14	0.51	0.32	0.80	0.00	0.02	0.01
清水温泉	0.91	0.06	1.00	0.38	1.00	0.05	0.80	0.14	0.05	1.00	0.03	0.44	0.93	1.00	0.21	0.01
秦安温泉	0.12	0.04	0.48	0.61	1.00	0.04	0.87	0.04	0.13	0.17	0.30	0.57	0.80	1.00	0.13	0.03
通渭汤池沟	0.94	0.08	0.97	0.23	0.08	0.01	0.70	0.28	0.09	0.96	0.00	0.74	0.93	0.63	0.01	0.01
通渭义岗	0.06	0.10	0.81	0.23	0.08	0.01	0.70	0.28	0.09	0.13	0.00	0.74	0.93	0.63	0.01	0.01
定西西巩驿	0.00	0.02	0.65	0.20	0.08	0.04	0.66	0.00	0.20	0.86	0.26	0.96	0.80	0.63	0.40	0.13
天水麦积温家峡	0.45	0.42	0.73	0.54	1.00	0.11	0.79	0.37	1.00	1.00	1.00	0.50	1.00	1.00	0.94	1.00
武山温泉乡	0.67	0.07	0.98	0.41	1.00	0.06	0.56	0.49	0.12	1.00	0.26	0.65	0.80	1.00	0.59	0.03
舟曲龙达沟	0.24	0.03	0.48	0.81	0.00	0.03	0.89	0.80	0.00	0.04	0.16	0.37	0.00	0.25	0.00	0.00
迭部旺藏	0.06	0.00	0.21	1.00	0.00	0.09	1.00	0.77	0.04	0.01	0.53	0.43	0.13	0.25	0.00	0.01

续表

指标\温泉	D1	D2	D3	D4	D5	D6	D7	D8	D9	D10	D11	D12	D13	D14	D15	D16
迭部卡告	0.06	0.00	0.24	1.00	0.00	0.09	1.00	0.77	0.04	0.01	0.53	0.43	0.13	0.25	0.00	0.01
永登药水沟	0.45	0.06	0.50	0.16	0.54	0.28	0.48	0.88	0.80	0.96	0.19	1.00	0.67	0.00	0.03	0.4
武威药王泉	1.00	0.01	0.81	0.20	0.46	0.24	0.60	0.56	0.82	0.55	0.34	0.74	0.89	0.63	0.81	0.53
肃南皇城	0.18	0.02	0.48	0.23	0.42	0.51	0.06	0.72	0.21	0.01	0.54	0.14	0.00	0.88	0.00	0.00
肃北硫磺山	0.21	0.02	0.45	0.00	0.38	1.00	0.00	0.74	0.03	0.00	0.87	0.00	0.03	0.00	0.01	0.00
民勤重兴	0.20	0.01	0.32	0.18	0.15	0.21	0.41	1.00	0.18	0.09	0.13	0.52	0.47	0.63	0.05	0.12
肃北川南山	0.30	0.01	0.32	0.00	0.38	1.00	0.00	0.74	0.03	0.00	0.87	0.00	0.03	0.00	0.01	0.00
永登龙王沟	0.15	0.02	0.00	0.16	0.54	0.28	0.48	0.88	0.80	0.96	0.19	1.00	0.67	0.00	0.03	0.14
天水麦积中滩	0.27	0.16	0.48	0.54	1.00	0.11	0.79	0.37	1.00	1.00	1.00	0.50	1.00	1.00	0.94	1.00
礼县老虎沟	0.12	0.00	0.56	0.45	1.23	0.00	0.56	0.64	0.07	0.14	0.00	0.47	0.00	0.13	0.01	0.02
瓜州大奇山	0.30	0.01	0.00	0.07	0.42	0.40	0.81	0.58	0.21	0.03	0.44	0.11	0.13	0.00	0.41	0.06

三　综合评价结果与开发对策

本书以甘肃温泉地为例，对 25 个温泉（甘肃省兰州市区的两个温泉未作为旅游开发利用，白银市平川温泉因钻井工艺问题导致堵塞，此三个温泉除外）进行序位评价。从甘肃温泉项目的总体得分可以看出（见表 2.16），目前除个别温泉得分较高外，其他大多数温泉得分较低。从"木桶理论"看温泉项目开发序位评价，温泉项目的各要素决定了该温泉项目的开发水平，这些要素往往是参差不齐的，而劣质部分往往是制约温泉项目开发最为薄弱的环节。因此，参照各温泉项目所得总分和实际情况两个因素对甘肃温泉项目开发序位进行评价。考虑到虽然有的温泉水质和开发条件都很好，得分较高，但水量小限制了它的开发利用水平，应归入不宜开发的温泉项目中。温泉项目开发序位评价，必然涉及温泉资源的空间竞争。同一市县内的几处温泉，知名度较小、水质较差或处于待开发状态的温泉必然受到知名度高的或已经开发为度假地的温泉的影子效应影响。因此，对受到影子效应影响的温泉的总分乘以 0.5。通过开发序位得分和各限制要素的综合评价，得出的评价结果更具合理性。

表 2.16　　　　　　　甘肃温泉地开发序位评价结果表

序位	温泉	总分（分）	排序
优先开发	天水麦积温家峡	82.87	1
	武威药王泉	62.15	2
	武山温泉乡	54.24	3
	清水汤浴河	48.49	6
	通渭汤池沟	45.76	7
	泾川何家坪	35.98	10
其次开发	永登药水沟	57.06	4
	平凉五里墩	49.33	5
	天水麦积中滩	40.30	8
	秦安于夫子沟	39.57	9
	定西西巩驿	34.01	11
	永登龙王沟	27.45	12
	镇远刘坪	23.13	22
	通渭义岗	11.37	25

续表

序位	温泉	总分（分）	排序
	礼县老虎沟	32.12	13
	肃北硫磺山	30.56	14
	肃北川南山	30.55	15
	肃南皇城	29.29	16
不宜开发	瓜州大奇山	29.28	17
	泾川罗汉洞	28.62	18
	民勤重兴	27.49	19
	迭部旺藏	24.64	20
	迭部卡告	23.71	21
	灵台东沟	20.49	23
	舟曲龙达沟	18.84	24

以甘肃温泉地现状为评价基础，优先开发（第一序位等级）的温泉有：天水麦积温家峡温泉（82.87）、武威药王泉（62.15）、武山温泉乡温泉（54.24）、清水汤浴河温泉（48.49）、通渭汤池沟温泉（45.76）、泾川何家坪温泉（35.98）。等到时机成熟时再进行开发（第二序位等级）的温泉有：永登药水沟温泉（57.06）、平凉五里墩温泉（49.33）、天水麦积中滩温泉（40.30）、秦安于夫子沟温泉（39.57）、定西西巩驿温泉（34.01）、永登龙王沟温泉（27.45）、镇远刘坪温泉（23.13）、通渭义岗温泉（11.37）。其他温泉由于受水量等条件限制，旅游开发环境差，以保护为主。

（一）优先开发温泉地

武山温泉乡温泉、清水汤浴河温泉、泾川何家坪温泉和通渭汤池沟温泉资源品质得分最高，已经开发为甘肃规模较大的4个温泉度假村，但由于开发层次低、无法满足游客的多样化需求。其中通渭汤池沟温泉所在地经济条件较差，森林覆盖率和气候舒适度低，导致总分较低。因此在开发过程中应增加温泉旅游地绿化面积，营造一种平和、舒心、宁静的意境，体现生态环境作为旅游资源的基础构成要素的理念。天水麦积温家峡温泉、武威药王泉医疗价值略逊于以上四个温泉，但区位条件好，依托经济发达、人口密集的历史文化名城天水和武威，开发过程中应该与周边高知名度景点捆绑开发，以观光娱乐开发模式为主。

温泉旅游附加价值较低，开发过程中应首先挖掘温泉文化内涵，结合周边旅游资源，遵循整合的区域旅游发展的理念。因为游客的旅游需求都是多样化的，所以温泉游客既有度假的需求也有观光游览的需求，因此设计组合旅游产品是吸引游客的重要法宝之一。其次，受地质构造和区域水文地质条件的影响，温泉资源分布在空间上有聚集的特征，如天水麦积温家峡温泉、武山温泉乡温泉、清水汤浴河温泉都集中在天水地区。多个同质性旅游资源出现在同一地域必然引起竞争，因此应在温泉开发过程中要准确定位，实现差异化战略。最后，甘肃的温泉流量小，多属于小型地热田，应采取开发利用与保护并重的措施，实现温泉资源的可持续利用。

（二）其次开发温泉地

永登药水沟温泉和平凉五里墩温泉流量较大，温泉所在地社会经济条件较好，环境质量较舒适。永登药水沟温泉水质好，含多种微量元素，既能发展温泉旅游，又能作为热矿泉饮用水。处于省会兰州市连海经济开发区，且距著名的吐鲁沟国家森林公园较近，故应积极开发利用。平凉五里墩温泉应联合"道家第一名山"——崆峒山进行捆绑式开发。天水麦积中滩温泉、永登龙王沟温泉、通渭义岗温泉受到市县内已有的知名度较高的温泉影响，未来要利用互补优势进行开发。秦安于夫子沟温泉、镇远刘坪温泉、定西西巩驿温泉所在地经济条件较落后，宜进行保护性开发。上述八处温泉中得分最高的永登药水沟温泉和平凉五里墩温泉地目前最重要的任务是完善温泉所在地内外交通设施，提高其可进入性，其他6个温泉留待时机成熟时再大力开发。

（三）不宜开发的温泉

温泉储量决定它的流量，进而影响温泉旅游的开发规模。迭部旺藏温泉、迭部卡告温泉、泾川罗汉洞温泉、灵台东沟温泉、礼县老虎沟温泉、民勤重兴温泉的流量太小，都在1.04L/S以下，如此低的流量必然影响温泉的开发规模。肃北硫磺山温泉处在祁连高山区，人迹罕至；舟曲龙达沟温泉处在高山密林区，这两个温泉交通极不方便。肃北川南山温泉、肃南皇城温泉、瓜州大奇山温泉远离经济发达城市，偏离交通干线，区位条件较差，致使温泉旅游发展优势不明显；再加上环境质量差，气候舒适度低，适游期短，这种季节属性会引起旅游旺季游客增多导致满意度降低，也会引起淡季旅游业投资资本的闲置。因此，上述温泉暂不宜开发，以保护为主。

本书通过运用层次分析法对甘肃温泉地开发序位进行评价，既能从总体上把握甘肃各温泉地价值的高低优劣，对其资源条件与开发条件做出合理的评定，又可通过各指标的对比分析发现各温泉地的特色与优势、劣势与不足。首先，从供给和需求两方面构建温泉旅游地开发序位评价模型。其次，采用德尔菲法评价因子权重，得出旅游资源的权重为 26.39，旅游开发条件的权重为 73.61，说明温泉这种休闲度假旅游不同于观光旅游，它的开发已经从资源导向型向市场导向型转变。旅游资源本身蕴含多种价值，不同的视角会强调不同的价值，对众多的温泉项目，以市场需求为主要依据标准来筛选，更能准确取舍，确定开发的重点和先后次序。在评价过程中，评价因子全部选择可以量化的指标，减少主观因素，从而完善了整个体系的公正性和可靠性，可操作性强。最后，对甘肃 25 个温泉地进行序位评价，提出 6 个温泉优先开发、8 个温泉等待时机成熟再开发、另外 11 个温泉以保护为主不宜开发，并提出相应的开发对策。在温泉旅游开发中，从资源条件、开发条件、实际情况和三维角度出发，审视各温泉的资源优势和旅游开发条件，制定相应的旅游开发战略。适合开发的优先积极开发，目前不适合开发的等待时机成熟再开发，不宜开发的以保护为主。在开发中要把握好温泉旅游的开发序位，达到资源的有效配置和经济收益的最大化。

第四节 甘肃温泉旅游体验及开发对策

一 温泉旅游体验的驱动机制

旅游活动的产生是"推力"和"拉力"共同作用的结果。"推力"出自内在需求，指社会心理方面的因素；"拉力"是对存在于异地的拉动因素做出的反应，指旅游目的地对旅游者的吸引力。随着生活节奏的加快，各种压力使得人们濒临着某种病态的边缘，外出旅游可能成为一种释放压力的途径，而作为具有极好的医疗保健、休闲养生功能、显著性体验性的温泉旅游对现代人尤其有吸引力。因此，温泉旅游既有市场的体验性需求又有资源的体验性潜质。

从心理学角度分析，旅游体验寻求补偿和解脱。一方面，旅游者的体验动机来自对自身心理和生理状态匮乏的补偿性需要。人们寄希望于通过旅游体验来补偿自我的生理和心理匮缺，实现人体、人格和人性的平衡。①机能补偿体验，从古代开始，人们就把泡浴温泉视为休闲养生、保健治疗的方法。感受温泉汩汩的热流，缓解紧张的压力。②关系补偿体验，对于那些想逃避孤独的旅游者来说，可通过温泉旅游建立社会关系。③环境补偿体验，居住在城市的旅游者往往倾向于寻访具有荒蛮气息的自然旅游景观，对于压力很大的城市人来说，温泉旅游地自然静谧的环境氛围令他们向往。另一方面，当旅游者的心理和生理处在结构失衡的状态下，因内在驱动力而产生的紧张感就出现了，这种张力状态下的个体，自然要寻求化解的途径。在世俗世界生活的人，为日常生活的单调、重复、刻板和枯燥所困扰，于是便萌发了逃避现实，沉湎于对另类世界的渴望。有学者指出旅游在本质上依然是对日常现实生活的一种逃避，是一种满足奇思幻想的方式。因此，对很多处于这种张力压迫下的很多人来说，旅游便成了一种社会疗法（social therapy）。

约瑟夫·派恩（B. Joseph Pine）与詹姆斯·吉尔摩（James H. Gilmore）按参与的主动性和投入程度将旅游体验等级分为（娱乐、教育、逃避、审美）①，我国学者邹统钎又提出移情②，并称"5E体验"。娱乐体验（Entertainment）是一种主动的感觉经历。旅游者在温泉旅游过程中，可参观温泉公园，参与各种保健疗养、康体运动项目，使他们获得精神和肉体上的抚慰，从而达到愉悦身心

---

① ［美］约瑟夫·派恩、詹姆斯·吉尔摩：《体验经济》，夏业良、鲁炜等译，机械工业出版社2002年版。

② 邹统钎：《旅游体验的本质、类型与塑造原则》，《旅游科学》2003年第4期。

的目的。教育体验（Education）是通过学习有价值的东西而产生满足感。通过给旅游者讲解温泉的形成原因，及水中多种微量元素的来源，甚至温泉与地震、板块构造的关系，从而使旅游者有耳目一新的感觉。逃避体验（Escape）是一种浸入式的，逃脱束缚后的轻逸感。温泉中的水分子对流作用及水中的矿物元素和不断逸出的气体与人体接触，可以刺激神经，达到安神、静心等生理和心理调节的效果。在这种环境中，旅游者会摆脱日常生活琐事带来的压力和束缚，体验舒畅、愉悦、忘我的感觉。审美体验（Estheticism）是在真实环境中得到的审美刺激。对美的体验贯穿于旅游消费的整个活动中。无论是清新的空气给人的嗅觉体验，汩汩上涌的泉水给人的听觉冲击，还是温泉公园争芳斗艳的花卉带来的视觉享受，以及泉水带给人的舒畅的触觉刺激，都会使旅游者产生美的体验，继而通过理性思维和丰富的想象深刻领会景物的精粹，从而获得由外及内的舒畅感觉。移情体验（Empathy）是为实现情感的转移和短暂的自我逃离。美轮美奂的温泉，浓烈得就像酒香一样的硫黄味更增加它的恍惚感，旅游者可想象自己幻变为王公贵胄，体验温泉水滑洗凝脂的舒畅感觉。

二　基于旅游动机的温泉旅游者聚类分析

（一）研究方法

1. 调查问卷的设计

在研究相关文献的基础上，结合甘肃温泉旅游的属性特征，通过与旅游专家、温泉旅游度假村管理人员进行深入访谈后设计问卷。调查问卷包括四部分内容。第一部分是旅游者的旅游动机，设计了包含"推力"和"拉力"因素共 17 个旅游动机调查项目。第二部分是旅游者的旅游行为特征，包括获取信息渠道、同行者、出游方式、旅游次数、停留时间、花费、满意度、回头率和推荐率等。第三部分是旅游者的体验质量，调查旅游者对甘肃温泉旅游资源、设施与活动、管理与服务三方面 18 项变量的重要性和实际体验与感知。第四部分是旅游者的人口统计和社会属性特征。心理学家研究认为，对事物进行多方面比较时，7±2 个项目是心理学的极限①，因此，尽可能将每一层次的项目数控制在 5—9 个。

第一部分和第三部分采用李克特 5 点量表法（Five Point Likert Scale）的形式，让温泉游客选出对各观测变量的重要性和实际感受的表述。其中，重要程度反映了游客对温泉旅游地的期望，"1"代表非常不重要，"5"代表非常重要。感知程度指游客对温泉旅游地的实际感知，"1"代表非常不满意，"5"代表非常满意。此外，调查中设计了一个开放式问题，询问旅游者对甘肃温泉旅游的意见和建议，以考察甘肃温泉旅游发展需要进一步改进的方面。为了检查问卷中各问题的含义是否清楚，措辞是否恰当，在正式调查前对旅游专业的学生进行小范围的预调查。预调查问卷回收后，对问卷中表述不周密或不清晰之处进行修改，在量表部分增加了引导词，使变量更准确地被表达和领会，并最终确定正式问卷。

2. 数据收集

目前甘肃省已经开发的 6 处温泉度假村，其中武山温泉是甘肃省卫生厅直属的集康复疗养、专科诊疗和旅游接待为一体的综合疗养院，也是甘肃省干部疗养基地，不足以反映市场经济下的旅游者的需求特点。要想客观反映温泉旅游者的心理行为特征，目的地视角比客源地视角更为合适。因此选取开发规模较大、具有代表性的清水温泉度假村、泾川温泉度假村和通渭温泉度假村作为案例。

2014 年 10 月在甘肃省开发规模较大、具有代表性的清水温泉度假村、通渭温泉度假村和泾川温泉宾馆开展调研。调查地点设在温泉宾馆的门口，温泉洗浴中心的休息室、温泉公园的休憩区及停车场。调查对象为已经体验过温泉洗浴或即将离开的游客。为保证调查的有效性，对调查样本进行适当控制，尽量选取 15 岁以上年龄段的人群。由于游客的机动性，无法真正按照随机原则抽取对象，因此采用偶遇抽样（便利抽样）的方式进行。这种现场调查的方法便于调查人员向旅游者解释其感到困惑的地方，有利于提高调查问卷质量。共发放

---

① 董观志、杨凤影：《旅游景区游客满意度测评体系研究》，《旅游学刊》2005 年第 1 期。

调查问卷 500 份，回收问卷 473 份。由于一个大而抽样设计不善的样本，也许比小但抽样设计完善的样本包含的信息要少，因此对填答不完整及真实性较低的问卷全部删除，最终得到有效问卷 381 份，有效问卷率为 76.2%。各温泉度假村样本数量基本均匀，约各占 1/3，具体情况如表 2.17 所示。

表 2.17　　　　　　　　　　　　　　有效样本分布

调查地点	频数（人）	百分比（%）
泾川温泉度假村	148	38.8
清水温泉度假村	139	36.5
通渭温泉度假村	94	24.7

3. 数据处理方法

对回收的有效问卷进行编号，将问卷上所有问题和选项设计成数据表头，将资料录入计算机表格中，使用 SPSS13.0 分析软件。首先，采用"因子—聚类分析法"，即先对旅游动机进行因子分析，然后在因子分析的基础上进行聚类分析。因子分析（Factor analysis）的主要目的在于简化数据结构，以较少的维数表示原先的数据结构，又能保存原有数据结构的大部分信息。聚类分析的目的在于辨认某些特征相似的事物，能客观地将相似者归结在同一集群内，使同一集群内的事物有高度同质性，不同集群间具有高度异质性。聚类分析的结果受变量共线性影响较大，而因子分析可将相关度较高的变量合并为一个因子，各因子间相关度较低，所以聚类分析前进行因子分析也解决了共线性问题①。为了了解不同游客群体的出游动机，对提取出的 6 项动机因子用快速聚类法（K-means Cluster Analysis）进行聚类分析。市场细分研究中，研究者多基于游客心理或行为变量使用快速聚类法对游客进行分类。选择成对排除缺失值法（Exclude Case Pairwise）以最大限度地利用有缺失项的样本。其次，运用修正的 IPA 法对甘肃温泉

---

① 张宏梅、陆林、朱道才：《基于旅游动机的入境旅游者市场细分策略——以桂林阳朔入境旅游者为例》，《人文地理》2010 年第 114 期。

游客的满意度进行评价。最后，为进一步了解不同温泉游客群体在人口统计学特征、出游行为特征的差异，利用单因素方差分析（One-way ANOVA）进行显著性检验。

（二）客源市场分析

不同地区的人口数量和密度、居民的收入水平、生活习俗的不同，使得旅游需求表现出很大的差异性，导致不同温泉旅游地有不同的客源空间结构。表征客源空间结构比较理想的定量化指标是地理集中指数 G[①]。甘肃省三个温泉旅游地的客源市场以省内游客为主，三个温泉旅游地有不同的客源市场，通过公式 $G = 100 \times \sqrt{\sum_{i=1}^{n} \left(\dfrac{X_i}{T} \right)^2}$ 计算通渭、清水和泾川温泉度假村的地理集中指数 G 分别为 58.73、52.76 和 39.45（见表 2.18—表 2.20）。以各温泉旅游地为中心，到各省、市政府所在地的公路里程代表该客源地到各温泉旅游地的空间距离。通过公式 $AR = \sqrt{\left(\sum_{i=1}^{n} X_i^2 d_i^2 / \sum_{i=1}^{n} X_i^2 \right)}$ 计算出通渭、清水和泾川温泉旅游地的客源半径分别为 139km、177km 和 309km。可见，通渭和清水的游客来源比较集中，而泾川温泉位于甘肃省东部地区，与陕西、宁夏接壤，外省客源较多，游客地域分布相对分散，但总体上反映了温泉旅游地客源市场较近的空间结构特征。客源市场的分布受空间距离和经济发展水平两个因素共同影响[②]。如兰州市到三个温泉旅游地距离不同，但它是三个温泉旅游地的主要客源市场，说明人口及经济水平空间分布的不均匀会影响旅游地的客源空间结构。温泉旅游作为甘肃新型的休闲度假地，宣传力度不大，知名度和美誉度都不高。近期，甘肃温泉旅游地仍以近距离的客源为主，旅游市场促销应当把近距离的客源地作为市场促销的重点区域，并不断拓展中远距离客源市场。

---

① 万绪才、丁登山、马永立等：《旅游客源市场结构分析——以南京市为例》，《人文地理》1998 年第 3 期。

② 保继刚、郑海燕、戴光全：《桂林国内客源市场的空间结构演变》，《地理学报》2002 年第 1 期。

表2.18　　　　　　　　　　　通渭温泉游客地域构成

客源地	人数（%）	距离（km）	客源地	人数（%）	距离（km）	客源地	人数（%）	距离（km）
通渭	41.94	8	白银	4.84	266.4	宁夏	1.61	623
兰州	40.32	197.14	天水	3.23	112.02	陕西	1.61	447.6
定西	4.84	94.29	平凉	1.61	262.88			

表2.19　　　　　　　　　　　清水温泉游客地域构成

客源地	人数（%）	距离（km）	客源地	人数（%）	距离（km）	客源地	人数（%）	距离（km）
清水	39.8	7.5	庆阳	1.94	475.01	湖南	0.97	1508.83
兰州	24.27	358.36	陕西	1.94	375.64	浙江	0.97	1814.02
天水	24.27	71.22	平凉	0.97	287.26	北京	0.97	1459.34
张家川	2.91	54.84	陇南	0.97	332.37			

表2.20　　　　　　　　　　　泾川温泉游客地域构成

客源地	人数（%）	距离（km）	客源地	人数（%）	距离（km）	客源地	人数（%）	距离（km）
泾川	25.69	7	嘉峪关	2.75	1109.9	安徽	0.92	1309.33
兰州	23.85	407.93	武威	1.83	655.07	山东	0.92	1358.45
宁夏	11	488.38	白银	1.83	480	江苏	0.92	1316.98
平凉	9.17	77.02	天水	0.92	297.45	内蒙古	0.92	1121.01
陕西	6.42	246.98	陇南	0.92	611.83	新疆	0.92	2296.4
庆阳	11	98.94						

旅游客源市场随季节的不同而发生变化，因而会出现旅游淡、旺季。旅游客源市场的季节性可通过季节性强度指数 $R = \sqrt{\dfrac{\sum_{i=1}^{12}(Y_i - 8.33)^2}{12}}$ 来表示。R 为客源市场的时间分布强度指数；X_i 为各月份游客量占全年游客量的比重。R 值越接近 0，每月客源量分配

越均匀；R 值越大，每月客源量变化越大，对旅游经营越不利。温泉旅游区别于其他旅游的一个显著特点就是游客淡旺季交替明显。通过公式计算出清水温泉 R 值为 5.86。对 2012—2014 年清水县月平均温度与清水温泉度假村年月游客接待量进行相关分析，得出斯皮尔曼相关系数为 0.75（见图 2.10），可以看出温泉旅游与气候密切相关，最适宜泡温泉的时间是春末到秋季。如果只依靠旺季很难吸引大量的游客，因此应联合周边的旅游资源进行整合开发。

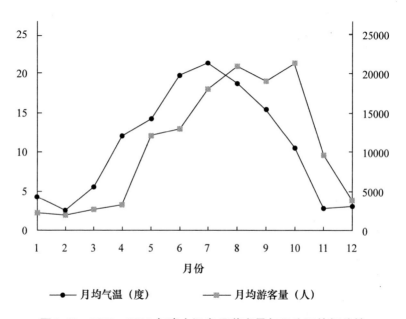

图 2.10　2012—2014 年清水温泉月游客量与月均温的相关性

（三）温泉旅游者出游特征

对被调查者的人口统计学特征进行分析（见图 2.11）。从性别结构看，男性明显多于女性，占被调查人数的 60.1%。年龄多集中在 26—40 岁，占总数的 44.1%，其次是 41—60 岁，占 32.7%，老年比例较少，60 岁以上仅占 6.1%。中青年龄段的人有较稳定的社会地位和经济收入，也承受着较大的社会压力，为减轻身心疲劳，获得精神上的放松，这一年龄段旅游者出游意愿较强。游客受教育程度中大专及以上学历占 68.7%，说明温泉游客文化程度也相对集中于较高学历群体。职业以中高级职员、一般职员、专业技术人员为主，占71.4%。人均月收入在2000—4000元的旅游者占到一半以上，为56.1%，人均月收入在4000元以上者占15%，这与国内学者和业界人士认为观光旅游是初级旅游方式，而度假旅游需要更好的经济条件支持是一致的。家庭结构中已婚且孩子在18岁以下的占53.2%，已婚且孩子在18岁以上的占24.6%，说明两代人家庭偏爱能促进家庭关系和增长见识的旅游活动。从以上分析可以看出甘肃温泉旅游地游客的总体市场特征为中青年、高学历、高收入和已成家的群体。

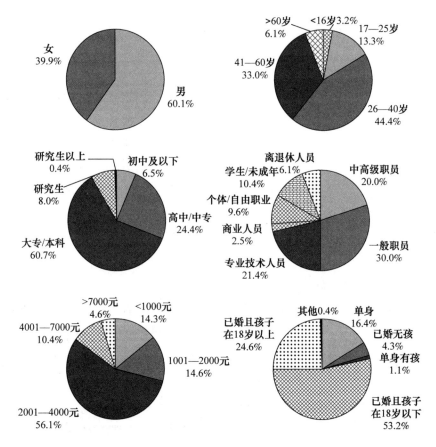

图2.11　甘肃温泉旅游者的人口统计学特征

对被调查者的旅游行为特征进行分析（见图 2.12）。在获取信息方面，游客获取温泉信息的渠道以亲戚朋友介绍和原来就知道的高居首位，占 81.9%。人们普遍认为，亲朋好友传递的信息比从商业环境获得的信息更可靠、更重要；通过影视广播、旅游宣传材料、互联网了解的仅占 8.8%，说明甘肃温泉旅游地在网络营销及树立形象方面仍有待加强。在同行者方面，旅行同伴中与家人同行居第一位，占 60.1%，其次为与朋友同行，占 20.7%，而独自一人出行的仅占 1.4%，说明温泉旅游是一种以家庭出游为主的消费模式。在出行交通工具方面，自驾车占 74%，说明自驾车出游是温泉游客的首选，这种出游方式与游客对目的地的熟悉程度和对资源要素的驾驭能力有关。在旅行次数方面，赴温泉度假村的游客，有 33.5% 是第一次前往，4 次以上前往的人数占 44.8%，说明回头客较多。在旅行时间方面，92.5% 的游客在温泉旅游地的停留时间为 1—2 天。在旅行花费方面，游客在温泉旅游地的人均花费在 100 元以下的占 53%，101—600 元的占 29.5%。虽然许多学术界人士认为度假旅游是比观光旅游费用更高的旅游方式，但处于初期开发阶段的甘肃温泉旅游地限制了温泉旅游者的停留时间和消费能力。在旅行住宿方面，约一半的游客来自本地，当天返回不住宿，在温泉宾馆住宿的游客占 26.0%，在市县宾馆住宿的游客占 17.4%，在农家宾馆和旅行社住宿的仅占 1.4%，说明农家宾馆和旅行社在设施和服务方面与温泉这种高端游客的要求相去甚远，其品质有待提高。

（四）出游动机的因子分析

在对出游动机进行因子分析之前，先对 17 项旅游动机变量进行 KMO 统计分析（Kaiser-Meyer-Olkin Measure of Sampling Adequacy）和巴特勒球型检验（Bartlett's Test of Sphericity）。KMO 值为 0.747，KMO 大于 0.7 说明做因子分析的效果较好①。Bartlett 球型检验 $X^2 =$ 1076.94（Sig. =0.000），在自由度为 136 的条件下达到了显著，说明旅游动机变量间的相关矩阵间存在公因子，适合做因子分析。

---

① 蒲蕾：《基于四川温泉度假地游客消费行为的温泉产品研究——以山地温泉为例》，硕士学位论文，四川大学，2007 年。

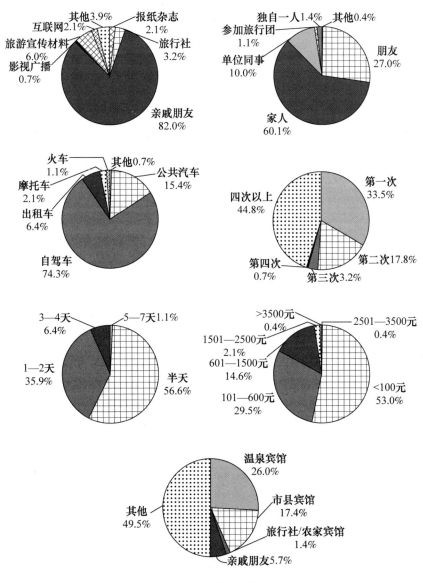

图 2.12　温泉旅游者的旅行特征

用 SPSS13.0 对 17 项旅游动机变量进行因子分析。采用主成分萃取法（Principal Component Method）提取公因子，用方差最大化正交旋转法（Varimax rotation）进行旋转，以加大因子载荷的区分度，使公因子有较满意的解释①。按照惯用的特征根（Eignvalues）大于1的标准，只能提取5个主因子，得到的解释较为宽泛，为了得到更满意的解释，增加一个剩余载荷最大的主因子。同时对缺失值采用成对排除法（Exclude Case Pairwise）排除以缩小缺失值对公因子提取的影响。分析结果见表2.21。

表2.21　　　　　　甘肃温泉旅游这旅游动机因子分析结果

动机	共同度	享受	放松亲情	自我发展	康体保健	关系	公务商务
享受按摩	0.786	0.868					
享受高档设施	0.761	0.848					
购物	0.430	0.543					
享受宜人气候	0.763		0.826				
欣赏自然风光	0.725		0.818				
放松休息	0.522		0.631				
和家人在一起	0.423		0.497				
丰富人生经历	0.615			0.700			
体验当地生活	0.677			0.641			
了解温泉、开阔眼界	0.501			0.611			
康复疗养	0.715				0.817		
强身健体	0.686				0.785		
护肤美容	0.646				0.498		
逃避日常生活烦扰	0.651					0.698	
增进友情	0.595					0.690	
参加会议商务活动	0.723						0.846
结交新朋友	0.618						0.682
特征值（Eigenvalue）		3.479	2.900	1.358	1.103	1.001	0.995
方差贡献率（% of variance）		20.467	17.058	7.989	6.488	5.890	5.855
可靠性系数（Cronbach's Alpha）		0.733	0.697	0.689	0.610	0.446	0.448

KMO值 = 0.747，经Bartlett球形检验，近似 X^2 = 1076.94（Sig. = 0.000）
累计方差贡献率 = 63.75%；总可信度系数 = 0.701

---

① 柯惠新、沈浩：《调查研究中的统计分析法》，中国传媒大学出版社2005年版。

第一个因子在"享受按摩""享受高档设施""购物"等项中具有较大载荷，命名为享受动机。它解释了总方差的20.47%，是解释总方差最多的因子。第二个因子在"享受宜人气候""欣赏自然风光""放松休息""和家人在一起"等项中有较大载荷，命名为放松亲情型动机。放松休息也是亚洲旅游者出游的最主要动机①。第三个因子在"丰富人生经历""体验当地生活""了解温泉、开阔眼界"等项中均有较大的载荷，命名为自我发展动机。第四个因子在"康复疗养""强身健体""护肤美容"等项中载荷较高，命名为康体保健动机。自古以来康体保健功能是温泉旅游地吸引游客的最大魅力。第五个因子在"逃避日常生活烦扰""增进友情"两项中载荷较高，命名为关系动机。第六个因子在"参加会议商务活动""结交新朋友"两项中载荷较高，命名为公务商务动机。

采用主成分萃取法提取的上述6个因子的累计方差贡献率为63.75%，说明这6个因子对原有17个变量具有63.75%的解释能力。为了检验因子分析效果，对提取的公因子的内在信度进行分析，发现仅有两个因子的克朗巴哈 a 信度系数（Cronbach's alpha）水平较低，达不到0.6的可接受水平外，总可信度系数为0.701，说明各因子和全体变量具有较好的内在一致性。除两个变量外，共同度均大于0.5，说明各旅游动机因子和描述变量之间有较高的相关性。

通过对温泉旅游者出游动机分析可知，温泉旅游者的动机主要有"享受""放松亲情""自我发展""康体保健""关系"和"公务商务"6个因子。与传统的赶场式观光旅游不同，温泉旅游这种度假型旅游对工作节奏紧张、压力增大的市民来说是一种"让压力放缓，让身体放松"的休闲度假方式。徐菊凤对中国典型度假区三亚的度假旅游者动机调查中也认为"休息/放松"动机大于"游览热带海岛风光"，更高于"增长见识、开阔视野"。说明温泉旅游动机多出自内在需求，主要是推力产生的结果，包括生理和心理上的放松、保健康复等，这不同于观光旅游中以"新、奇、独、特、异"的拉力作用

① 张宏梅、陆林：《入境旅游者旅游动机及其跨文化比较——以桂林、阳朔入境旅游者为例》，《地理学报》2009年第8期。

为主的旅游方式。研究发现甘肃温泉旅游者的主要动机为"休息放松""与家人朋友在一起增进感情""康体保健""逃避日常生活的烦扰",而对"开阔眼界""体验生活""享受高档温泉设施"等文化型和自我发展动机较弱,这说明能上升到"自我发展"这一层次的还非常少。从旅游动机的产生机制看,温泉旅游者的动机主要源于内在"推力"作用,这与观光旅游者欣赏奇异自然风光和回归自然的源于"拉力"的动机形成明显差异,这与皮尔斯(Pearce)的度假旅游动机多源于推力作用,观光旅游的出游动机多源于拉力作用的结果①是相符合的。

（五）基于出游动机的温泉游客聚类分析

在出游动机的基础上,对甘肃温泉游客进行聚类分析。利用SPSS13.0软件的聚类分析工具对 6 个主因子进行快速聚类分析(K-means Cluster)。初始聚类中心由软件自动生成,最大迭代次数(Maximum Iterations)和收敛标准(Convergence Criterion)按系统默认。即迭代至 25 次或任意一个聚类中心的最大变化率小于两个初始聚心距离的 2% 时为止,这样可以降低人为指定初始聚类中心所产生的偏差,并能保证生成稳定的聚类结构②。聚类分析和检验结果显示,将甘肃温泉游客分为 4 类结果较为理想,AVONA 检验也显示分为 4 类时动机差异最显著(Sig. = 0.000)。具体分类结果如表 2.22 所示。类型 1 旅游者为 114 人,占样本数的 29.9%,在放松亲情因子上为正值,命名为"休憩型旅游者"。类型 2 旅游者为 61 人,占样本数的 15.7%,在公务商务因子和自我发展因子上为正值,命名为"发展型文化旅游者"。类型 3 旅游者为 99 人,占样本数的 26.3%,在关系因子上为正值,命名为"友情型旅游者"。类型 4 旅游者为 107 人,占样本数的 28.1%,在关系、享受、放松亲情、自我发展和康体保健 5 个因子上得分均较高,说明他们到温泉地旅游时有多样化的动机,

① 卢纹岱:《Spss For Windows 统计分析》,电子工业出版社 2002 年版。Mansvelt, J., "Tourism Today: A Geographical Analysis by Douglas Pearce", *New Zealand Geographer*, Vol. 54, No. 2, 1998.

② 刘中平:《基于游客动机的江西旅游目的地发展对策探讨——以井冈山为例》,硕士学位论文,南昌大学,2009 年。

表 2.22　　基于动机的温泉客游聚类分析结果

	类 1 休憩型	类 2 发展文化型	类 3 友情型	类 4 多目的追求型	F 值（sig.）
因子 1 享受	-0.28080	-0.25649	-0.20988	0.63803	17.651（0.000）*
因子 2 放松亲情	0.56820	-0.18395	-1.08512	0.51473	88.046（0.000）*
因子 3 自我发展	-0.47317	0.55532	-0.15731	0.34118	16.938（0.000）*
因子 4 康体保健	-0.01456	-0.03041	-0.20985	0.22899	2.527（0.058）
因子 5 关系	-0.83782	-0.05517	0.18841	0.74509	55.892（0.000）*
因子 6 公务商务	-0.20118	1.56271	-0.36017	-0.31908	78.307（0.000）*

注：表中的数据并非问卷调研所获的原始数据，而是在因子分析时 SPSS 软件生成因子后重新赋值的数据。

因此命名为"多目的追求型旅游者"。这种分类结果与 Pearce 提出的所有旅游者所共享的核心旅游动机如逃避、放松、增进关系和自我发展动机非常相似。

（六）温泉旅游者出游类型的差异比较

为了解不同类型温泉游客的人口统计和出游行为特征，为相关部门制定市场细分和营销策略提供可靠的决策依据，本书对不同游客群体的旅游行为差异进行比较（见表 2.23、表 2.24 和图 2.13、图 2.14）。表 2.23 显示 4 类游客群体在受教育程度、职业和住宿地选择三方面达到了显著差异。在其他方面虽未达到显著水平，但差异性也较明显。这是由于受经济、区位条件的限制，甘肃温泉游客还集中于某些特定的人群，各种社会经济变量本身分化不明显，所以游客群体对社会经济变量反应不敏感。

表 2.23　　　　　不同类型游客群体旅游行为特征差异分析

特征	放松型	发展文化型	友情型	多目的追求型	F 值	Sig.
性别	1.42	1.23	1.46	1.42	2.278	0.080
年龄	3.26	3.35	3.22	3.23	0.231	0.875
学历	2.541	2.721	2.731	2.882	3.087	0.028*
职业	3.521	2.771	3.141	2.692	3.256	0.022*
月收入	2.67	2.91	2.80	2.75	0.588	0.623
家庭结构	3.73	3.52	3.61	3.73	0.333	0.801
了解途径	3.25	3.11	3.39	3.28	0.659	0.578
同行者	1.87	1.84	1.85	2.04	1.070	0.362
交通工具	1.90	2.18	2.03	2.03	1.471	0.223
旅游次数	3.15	3.39	3.00	2.82	1.018	0.385
停留时间	1.57	1.55	1.36	1.59	1.878	0.133
人均花费	1.73	1.68	1.53	1.78	1.232	0.298
住宿地	3.761	3.771	4.722	3.371	5.055	0.002*
总体满意度	3.74	3.45	3.69	3.65	1.273	0.284
重游	4.23	3.93	4.00	4.09	0.752	0.522
推荐	4.30	3.98	4.15	4.15	0.747	0.525

1. 休憩型旅游者

类型 1 旅游者年龄以 26—40 岁为主占 40.5%，41—60 岁占 29.8%。受教育程度是 4 类旅游群体中最低的，大专及以上学历者占 58.4%，初中及以下学历者占 13.1%。收入也是 4 类旅游群体中最低的，1000 元以下的中低收入者超出平均值 3.7 个百分点。职业分布比较广泛，其中离退休人员和学生占总人数的 1/4，说明休闲放松是各职业阶层旅游者的普遍目的。交通工具以自驾车（72.6%）和公共汽车（21.4%）为主，半数游客的逗留时间在一天以内。

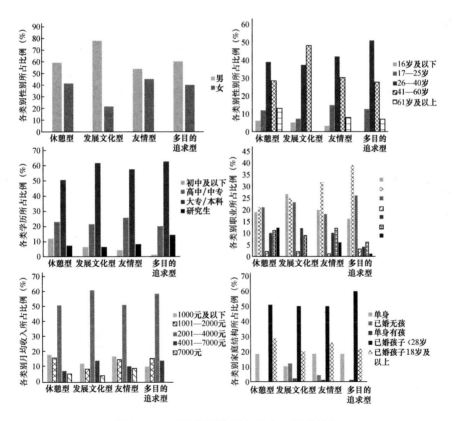

图 2.13　不同类型旅游者的人口社会特征

这类旅游者的主导动机是放松、调整心态、和家人在一起共度美好时光。他们对温泉旅游地自然风光、气候条件等软件要素比较重视，反映了温泉旅游者（以城市游客为主）对旅游产品"反向选择"的倾向，而对温泉地高档康体娱乐设施和购物条件等硬件要素不太重视。由于他们的主要动机是摆脱工作压力和休息放松，其他动机较弱，所以总体满意度最高（72.6%的游客感到满意和非常满意），重游的可能性也最高，达到83.4%，向他人推荐温泉旅游地的可能性为83.3%。

表2.24　　　　　　　不同类型温泉旅游者旅游动机的平均值

动机变量	休憩型	发展文化型	友情型	多目的追求型
欣赏自然风光	4.13	3.73	2.75	4.03
康复疗养	3.81	3.70	3.38	3.90
放松休息	4.57	4.14	3.84	4.64
宜人气候大自然	4.05	3.72	2.86	4.31
强身健体	3.78	3.75	3.26	3.85
公务商务	2.33	3.89	2.21	2.12
和家人在一起	4.48	3.98	3.99	4.71
开阔眼界	2.54	2.95	2.74	3.44
增进友情	2.91	3.77	3.38	4.28
护肤美容	2.99	2.98	3.12	3.58
逃避日常生活	2.33	3.09	3.18	3.75
结交新朋友	2.33	3.55	2.27	2.81
享受高档设施	1.96	2.18	2.07	2.87
体验当地生活	2.20	3.19	2.58	3.47
享受按摩	1.87	2.09	2.00	2.66
获得成就感	1.83	3.17	2.28	2.77
购物	1.68	2.18	1.97	2.25

2. 发展文化型旅游者

类型2旅游者中男性占比较大（77.3%），表明男性更富于异向型心理特质。旅游者年龄偏高，41—60岁的出游者所占比重超过平均值17.3个百分点，远远超过了其他3类旅游者。受教育水平较高，

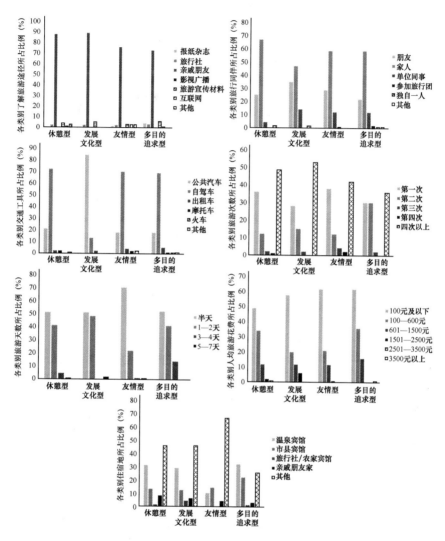

图 2.14　不同类型旅游者的旅行特征

大专及以上学历占 68.1%。收入水平也是 4 类旅游者中最高的，个人月均收入在 2000—4000 元的达到 61.4%。该地旅游者的职业中公司或企业的中高级职员占比较高，高出平均值 7.4 个百分点，说明这类旅游者中身居要职者居多，公务、会务等顺便出游机会较多，社交动机较强。旅游方式主要是和家人（47.7%）、朋友（36.4%）一起。出行交通工具以自驾车（84.1%）和出租车（13.6%）为主，这类旅游者中无人使用公共汽车。平均逗留时间为 1.55 天，人均旅游花费较高，旅游花费在 600 元以上的占 20.4%。

这类旅游者注重通过旅游"结交一些新朋友、体验当地生活、丰富人生阅历，增加成就感"，表现出较强的自我发展和自我实现的倾向。这类旅游者注重旅游的精神满足感和成就感，对温泉旅游地的要求较高。由于甘肃温泉旅游地处于初级开发阶段，远不能达到这类旅游者的要求，因此他们满意水平是 4 类旅游者中最低的（感觉满意和非常满意的仅为 56.8%）。到温泉旅游地的重游意愿和向其他游客推荐的可能性也最低（分别为 68.2% 和 75%）。

3. 友情型旅游者

类型 3 旅游者的年龄以中青年为主，文化程度中等，高中/中专占 28.4%，大专本科占 59.5%。收入水平中等。停留时间短暂，70.3% 的旅游者逗留时间在一天以内。人均旅游花费是 4 类旅游者中最少的，63.5% 的旅游者花费在 100 元以下。根据实地调查，旅游者多为本地游客，67.6% 的游客不住宿，即使住宿，也仅有 10.8% 的游客选择温泉宾馆，而 17.6% 的游客选择价格较便宜的市县宾馆。这类旅游者对价格比较敏感，属于经济型游客。

这类旅游者在各个动机因子的得分处于 4 类旅游者群体的中等偏低水平（见表 2.24），说明他们认为每一项旅游动机对他们出游的重要性都很低，即出游愿望很弱。他们出游动机单纯，属于旅游层次较低的出游者。他们主要目的是逃离城市紧张枯燥的日常生活，到温泉旅游地消遣娱乐，以及增进与朋友之间的感情。69% 的游客对温泉旅游总体感到满意，由于多是本地游客，所以向其他人推荐温泉旅游地的可能性最大，达到 86.4%。

4. 多目的追求型旅游者

类型 4 旅游者年龄以青年为主，26—40 岁占 53.2%。大专及以上文化程度所占比例达到 76.1%，属于 4 种类型旅游者中占比最高的，他们收入水平较高，停留时间较长，待 3—4 天的占 12.7%。人均旅游花费高，600 元以上的占 19.0%。他们比较注重住宿的舒适性，32.9% 的游客选择豪华舒适的温泉宾馆，22.8% 的游客选择市县宾馆。

这类旅游者年纪较轻，精力充沛，受教育程度较高，各种出游动机较为强烈。他们出游是受多重动机驱动，同时追求多种利益，希望获得多方面的满足。这也印证了文化素养高的人，一般社会地位、经济收入及需要层次等也相对较高，旅游动机较强。他们希望通过温泉旅游既能达到休息放松、康体保健的作用，又能够享受高档的温泉设施，体验当地的生活方式。此类群体中70.9%的游客感到满意，向他人推荐温泉旅游地的可能性为81%。

（七）对不同类型旅游者的营销启示

基于出游动机对温泉旅游者进行聚类分析得出四种类型，分别是"休憩型""发展文化型""友情型"和"多目的追求型"。不同类型温泉旅游者的人口统计和旅游行为特征存在差异。休憩型旅游者与多目的追求型旅游者在受教育程度和职业两个方面的分异达到了显著水平，友情型旅游者和多目的追求型旅游者在住宿地选择上达到了显著性水平，说明受教育程度和职业是影响旅游动机的重要因素。因为旅游是一种高层次的精神活动，一般文化程度较高的人旅游动机较复杂。不同类型旅游者由于出游动机不同，对旅游设施和服务的需求也有差别。通过对不同类型旅游者差异性比较，为差异化营销策略提供了理论依据。

休憩型旅游者的受教育水平相对较低，收入也较低，职业结构比较分散，说明各个阶层的人都有休闲放松的需求。休憩型旅游者跟家人一起出游的动机较强，这与中国传统文化中家庭观念重有关。如果旅游企业能考虑这种需求，在景区门票的设计、宾馆床位的安排、儿童娱乐设施的提供等方面对举家出游群体给予充分考虑，可以获得更高的市场份额。发展文化型旅游者中男性居多，受教育水平和收入较高，身居要职者居多，追求温泉旅游地的文化内涵，希望通过温泉旅游达到自我发展的目的。温泉旅游地在开发过程中应该挖掘温泉文化内涵，为这些旅游者提供文化旅游产品。友情型旅游者受教育程度和收入处于四类旅游者中的中等水平，停留时间短、旅游花费少，是以逃避日常生活烦扰，出外消遣娱乐的经济型旅游者。对此群体旅游者需提供较多的休闲设施，以适中的价位定价以确保该群体的参与率，例如推出优惠活动刺激游客前往消费，可推出两人同行第三人半价或免费提供午餐券等优惠方案。多目的追求型旅游者受教育水平是四类中最高的，收入水平较高，停留时间较长，人均旅游花费高，出游意愿较强，出游动机多样化，这也验证了高学历人群的旅游动机强于低学历人群。

三　温泉旅游者满意度分析

（一）IPA 分析方法

在分析温泉旅游者满意度时采用修正的 IPA 分析方法。为分析游客对温泉旅游地 18 对变量的期望（I 值）与实际感知（P 值）之间是否存在差异，先采用配对样本 t 检验，在 95% 的置信水平下，对温泉游客对旅游目的地属性的期望和实际绩效均值进行比较检验。

步骤一，根据调查数据，确定 18 个变量重要性的均值和绩效的均值，以这两个均值为基准，作出横轴和纵轴。其中，横轴代表绩效，纵轴代表重要性，将图分为四个象限。象限 1（高重要性高绩效）代表温泉旅游地获得竞争优势机会之所在，应继续保持（keep up the good work）。象限 2（高重要性低绩效）代表着温泉旅游地急需改善之属性，应优先专注此区的开发（concentrate here）。象限 3（低重要性低绩效）代表着温泉旅游地无须投入过多的资源与努力（low priority），为最后改善的项目。象限 4（低重要性高绩效）代表着温泉旅游地可能投入太多的资源于这些变量上（possible overkill），应重新考虑资源的分配。

步骤二，根据重要性与绩效值对 18 个变量进行定位。

步骤三，在横纵轴之交点上画出一条 45 度斜线，落在斜线上的点可视为游客的期望与实际表现一致，落在 45 度线右面的点代表实际表现大于期望值，游客满意；落在 45 度线左面的点代表实际表现小于期望值，游客不满意。通过二维坐标系，可以很直观地看出哪些属性属于优先改善的，哪些属性属于低优先性，便于管理者对资源进行优化配置，提高旅游地的竞争力（见图 2.15）。

（二）IPA 分析

本书首先采用配对样本 T 检验（Paired samples T test），旨在弄清温泉游客的重视程度（I）与实际感知（P）之间是否存在显著性差

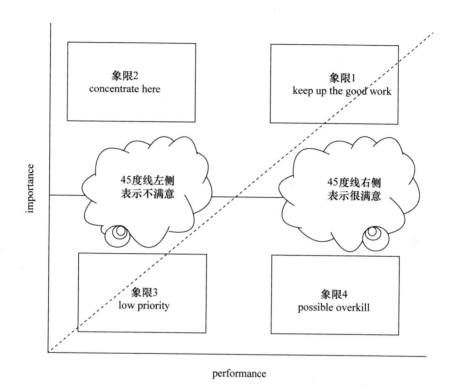

图 2.15　修正后的 IPA 定位分析图

异。表 2.25 显示 18 个变量的重要性和实际感知的均值、标准偏差、均值差、t-value 值和双尾检验 p 值（Sig. 2-tailed）。18 个变量的重要性均值为 3.79，实际感知均值为 3.20。就整体而言，除了对气候环境和当地居民态度认同度较高外，游客实际感知的均值显著低于重要性均值，显示了实际感知与期望之间存在一定的距离，也说明甘肃温泉旅游提升档次和质量将成为未来发展的主要诉求点。游客对交通便捷性和娱乐项目丰富程度的感知偏差分别为 2.50 和 1.91，远高于对其他变量的感知偏差（均 <1），这是由于所调查的三个温泉旅游地的路况不一，而且通往清水温泉的唯一的公路正在修建，给旅游者造成了极大不便，因此导致游客感知差异很大；不同年龄阶段的人对娱乐项目的需求差异较大，造成感知偏差大。

表 2.25   旅游者对温泉旅游地满意度比较

观测变量	重要性	标准偏差	绩效	标准偏差	P-I 均值差	t-value 值	Sig.（2-tailed）
温泉水质	4.51	0.55	3.82	0.82	−0.69	11.55	0.000**
泡温泉环境卫生	4.45	0.56	3.46	0.85	−0.99	15.74	0.000**
温泉地文化氛围	3.64	0.71	3.19	0.64	−0.45	8.11	0.000**
气候环境	3.82	0.74	3.77	0.68	−0.05	1.05	0.296
周边景点开发	3.55	0.71	2.95	0.69	−0.59	9.84	0.000**
餐饮特色	3.63	0.73	3.26	0.67	−0.37	6.08	0.000**
住宿舒适性	3.90	0.75	3.31	0.63	−0.59	8.56	0.000**
交通便捷性	4.17	0.63	3.36	2.50	−0.82	5.26	0.000**
保健疗养设施多样性	3.73	0.73	3.00	0.69	−0.73	12.67	0.000**
保健疗养设施安全性	4.11	0.77	3.26	0.76	−0.85	13.46	0.000**
娱乐项目的丰富性	3.56	0.77	2.95	1.91	−0.61	4.89	0.000**
购物品的种类和质量	2.98	0.78	2.76	0.60	−0.22	3.78	0.000**
洗浴价格	3.65	0.73	3.28	0.79	−0.36	5.43	0.000**
住宿价格	3.62	0.85	2.96	0.70	−0.66	7.63	0.000**
服务态度和效率	4.31	0.66	3.28	0.88	−1.03	15.52	0.000**
解说与教育	3.63	0.72	2.83	0.73	−0.80	12.39	0.000**
景点介绍宣传	3.61	0.70	2.87	0.73	−0.74	12.10	0.000**
当地居民态度	3.39	0.71	3.37	0.56	−0.01	0.29	0.770

注：* 表示 5% 的显著水平，** 表示 1% 的显著水平。负均值差代表旅游者对温泉旅游地的实际感知劣于对温泉旅游地的期望。

1. 继续保持区

对 18 个变量进行 IPA 分析，如图 2.16 所示。重要性轴（Ⅰ轴）和绩效轴（P 轴）相交就定位在重要性均值 3.79 和绩效均值 3.20 的交点上。温泉水质（1）、气候环境（4）、住宿的舒适性（7）三个变量落在继续保持区。出于对健康的追求，温泉游客最关注的是温泉水质。作为休闲度假地，温泉旅游地的环境质量和舒适的住宿条件也是旅游者看重的因素，因为生态环境是度假游客的第一需求①。旅游者认为这三个方面是温泉旅游地的关键因素，也是温泉旅游地的主要竞争优势。在绩效方面，游客对甘肃温泉水资源的品质感知较高。甘肃清水温泉中被誉为"生命之花"的锌含量居全国名泉之冠；通渭温泉中的铁含量达35mg/L，与黑龙江五大连池矿泉，云南腾冲迭水河矿泉同属于我国最著名的三大铁泉；武山温泉乡温泉氡含量达到294Bq/L，属于我国优质氡泉。由此可知，甘肃温泉资源品质很高，医疗保健功能较强，广受游客的好评。气候环境变量落在图中原点右侧的横轴，表明旅游者对此较满意。这是由于调查的三个温泉处在甘肃的天水和平凉地区，年均气温在10℃左右，年均降雨量500mm以上，适游期长，属于甘肃省旅游气候舒适度最高的地区。根据游客出游特征分析，约一半的游客当天返回不住宿，26%的游客选择在温泉宾馆住宿，温泉宾馆的价格和配套设施高于普通宾馆，因此温泉游客对住宿地满意度较高。因此，温泉水质、气候环境、住宿的舒适性三个方面是甘肃温泉旅游地的主要竞争优势所在，应继续保持。

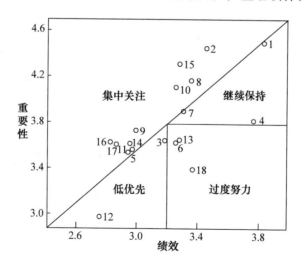

图2.16　甘肃温泉旅游地满意度的 IPA 定位分析

---

① 杨振之：《论度假旅游资源的分类与评价》，《旅游学刊》2005 年第 6 期。

2. 过度努力区

餐饮特色（6）、洗浴价格（13）、当地居民态度（18）三个变量落在过度努力区，表明这三个变量的重要程度相对于平均水平低一些，但绩效相对于平均水平高一些。温泉游客对餐饮特色重视程度不高。55.9%的温泉游客的月平均收入在2000—4000元，多属于中等消费阶层，对温泉洗浴价格不敏感。在与当地居民的交往观念上，中国人比起西方人旅游风格更加消极，不易融于异乡社会①。因此，与当地居民交往的兴趣不大，对当地居民态度不太重视。然而实际情况是：游客对温泉旅游地绿色无污染的餐饮还是比较满意的；甘肃温泉洗浴产品开发还仅限于简单的泡浴和按摩，因此，对温泉这种高端消费者来说洗浴价格不高；甘肃民风淳朴，游客对当地居民态度的重视程度和实际感知之间也没有太大的差异性。

3. 低优先区

温泉地文化氛围（3）和旅游购物品的种类和质量（12）落在低优先区，即游客对这两个要素的重要性和满意度的感知都很低。温泉旅游地游客的主要动机是休闲放松，所以大多数游客对温泉地的文化氛围和购物不太重视，同时也说明甘肃温泉地还没有把洗浴文化、生命文化和当地文化渗入温泉旅游产品的开发中，也没有对当地的土特产品、温泉保健产品进行开发，使得游客对这两项的实际感知较低。按照IPA原理，目前在这两方面不应投入较多的人力和财力资源。等到温泉旅游开发到一定的程度，提升温泉旅游地的文化氛围、开发多样化的旅游购物品也是势在必行。

4. 集中关注区

落在集中关注区即重要性高而实际感知低的有以下变量：硬件设施包括周边景点开发（5）、交通便捷性（8）、保健疗养设施的多样性（9）、保健疗养设施的安全性（10）、娱乐项目的丰富程度（11）、住宿价格（14），软件方面包括泡浴温泉的环境卫生（2）、服务态度和效率（15）、解说与教育（16）、景点宣传（17）。游客对这些项目

---

① 梁雪松：《社会学视野下的东西方跨文化旅游交互习性研究》，《经济地理》2010年第7期。

的实际感知与期望全部存在显著性差异，这揭示了甘肃温泉在开发和管理中存在以下重点问题。

第一，旅游六要素结构不平衡，旅游者对行、游、娱等方面的感知均值较低，得分在 2.95—3.36 分。除了"游"这种高峰型体验之外，其他维生型体验也非常重要。一旦维生型体验不受欢迎，不管高峰型体验多么畅爽，旅游者的整体体验质量都会受到影响。甘肃温泉旅游地可进入性较差，74% 都是自驾游客，因此对公共交通便捷程度的感知不敏感。受经济条件的限制，甘肃温泉旅游地的保健疗养和娱乐设施比较单调，也没有与周边的景点进行捆绑式开发。这就导致游客参与性不强，体验类型单一，无法得到满意的体验。

第二，温泉游客对服务态度和效率的期望仅次于对温泉水质和温泉卫生程度的期望。因为服务功能是度假区的第一功能，没有了服务，再好的度假区也是一个空壳。但由于甘肃温泉旅游地从业人员整体文化素质偏低，绝大多数只有初高中学历。温泉旅游地管理者对人力资源的培养力度不够，使得服务质量存在以下问题：首先，功能性质量不稳定，特别是在旅游旺季，温泉旅游地室内浴缸的卫生状况直接影响游客的感受。其次，服务技术质量欠佳，长期以来受传统计划经济模式的影响，服务人员的服务意识淡薄，态度冷漠，不注重个性化服务和人性化的关怀。有些服务人员无法对旅游者熟练讲解温泉的医疗价值，不能满足旅游者的舒畅体验和了解温泉的好奇心，因此满意度不高。

（三）满意度营销启示

本书以甘肃温泉旅游地为例，运用修正的 IPA 分析法对温泉旅游地 18 个变量的重要性和绩效进行系统的"把脉"，研究发现，总体上游客对甘肃温泉旅游地的实际感知低于预期，游客普遍产生"没有想象中好的感觉"。说明甘肃温泉旅游开发处于初级阶段，产品单一，不能使游客得到满意的体验。从旅游者对某些属性的期望值与实际感知值进行比较，能更有针对性地设计和开发旅游产品。游客期望和游客满意度之间呈负相关，即期望值越低，满意度则越高，反之亦然。因此，旅游企业在营销时要准确传达信息，既要达到吸引游客的目的，又不能过于夸大，从而可以避免因游客的预期过高使满意度相对下降。通过对甘肃温泉旅游地的 IPA 分析，明确了甘肃温泉旅游地今后在"继续保持""过度努力""低优先""重点改善"方面应关注的要素，提出具体的应对策略。

定位在继续保持区的温泉资源、气候环境和住宿的舒适性三个变量代表着甘肃温泉旅游地获得或维持竞争优势之所在，是主要优势。温泉旅游对资源依赖性很强，一旦资源破坏或衰竭，将对温泉旅游带来毁灭性的影响。对于降雨量偏少的甘肃温泉来说，温泉流量较小。目前开采量均大于天然流量，须采取采、停交替的方式，才能保证温泉资源的可持续开发。在气候环境方面，温泉地应注重绿化建设，营造一种舒心惬意的环境。在住宿方面，提供舒适的住宿条件和贴心的服务是提高旅游竞争力的重要因素。

定位在过度努力区的餐饮特色、洗浴价格和当地居民态度是旅游者不太重视的，但是实际感知值大于平均水平。因为温泉游客一般都是城市居民，对绿色环保的地方菜和淳朴憨厚的民风还是比较满意的。因此，除了继续推出有特色的绿色食品、保健食品外，应把有限的资源集中在旅游目的地其他项目上。

定位在低优先区的有温泉旅游地文化氛围和旅游购物的种类和质量，旅游者对这两项不重视，实际感知也不尽如人意。等温泉旅游发展到一定阶段后，以"文化"为体验线索整合旅游资源，深入挖掘温泉生命文化、温泉地所负载的地域文化，营造特色的洗浴文化氛围。推出地方的土特产品和温泉保健产品，满足游客多样化的体验需求，延长游客停留时间，增加当地的经济收入。

定位在集中关注区的包括有形的硬件设施与无形的服务，游客对此高度重视，但是实际感知较低，属于急需改善之属性。在硬件设施方面：温泉往往分布在偏远山区，要完善温泉所在地内外交通设施，提高其可进入性。将越来越多的休闲和娱乐因素加入温泉开发中是国际温泉旅游开发的一个客观趋势，因此加强配套疗养和娱乐设施以满足大多数人的多样化需求。温泉的附加旅游价值较低，在开发中要与周边丰富的自然或人文旅游资源组合，形成互补优势，提高温泉旅游地的吸引力。在软件服务方面：温泉旅游作为一种体验形式的旅游，对服务的要求更高。所以通过提高从业人员的文化底蕴来改善产品及其服务方式非常重要。因为游客体验的质量会影响他们的重游意愿与顾客忠诚度，而重游意愿与顾客忠诚度将会影响企业的可持续经营。

四　温泉旅游体验开发对策

从旅游体验视角研究温泉旅游开发，了解游客的心理诉求。从旅游经营层面来说，以游客体验为中心设计参与性强的温泉旅游产品，提供情感化服务，实施体验性营销策略，使游客得到满意的体验。从社会层面来讲，鼓励社区参与式开发，增加当地居民的环保意识和经济收益，促进温泉资源可持续利用。在温泉旅游开发中注入体验理念，有助于树立温泉旅游品牌，提高游客满意度，吸引更多的回头客。

（一）温泉旅游活动的体验性设计

在整个旅游过程中，一般来说，"游"的体验效果居主导地位，因此应在纵向上增加体验深度。文化作为旅游的软资源，以"文化"为体验线索整合旅游资源，能够更好地满足绝大多数人的体验需求[①]。首先，根据不同温泉地所负载的地域文化，营造各具特色的洗浴文化氛围。可借鉴日本温泉产品开发的创新经验，开发设计花草温泉、酒温泉、咖啡温泉、冲喷温泉等众多趣味性、运动式的温泉浸浴形式，调动游客的多种感官刺激。其次，在温泉生命文化方面，深度挖掘温泉的医疗保健价值，利用中国传统的养生术，如针灸、按摩等理疗法，开发康复养生保健项目，这样游客既能体验快乐又能获得保健。最后，挖掘温泉旅游地诗歌艺术文化，提升温泉游客的审美情趣。可将有关歌颂温泉疗效的名文名言刻在石碑上，让游客充分体验悠久的温泉文化，享受独特的石刻艺术。

除了"游"这种高峰型体验之外，其他维生型体验（如行、食、住、娱、购）也非常重要。游客对温泉旅游地食、娱、购等方面不满意，这也影响了游客的整体体验效果，因此应在横向上丰富体验类

---

①　杨海寰、李晓晖：《基于体验经济研究的旅游发展战略研究》，《云南师范大学学报》2005年第3期。

型。从温泉度假地的疗养保健功能出发，开辟营养保健餐厅，推出保健菜品，让客人体验绿色保健食品；提供体育健身、文化娱乐等活动，增强游客的主动参与机会；设计旅游购物一条街，出售温泉纪念品、工艺品、当地的土特产等。总之，景区应提供各种"舞台"，让游客直接参与"表演"，创造独特的体验经历。这样既可以减少游客对温泉资源的过分依赖，增加游客的参与机会，又提高了游客的体验效果。

（二）提供情感化服务

良好的服务是游客得到高质量旅游体验的重要因素，温泉旅游作为一种体验型旅游，对服务的要求更高。首先，考虑游客的心理需求提供个性化和差异化服务。如温泉浴室内配备防水手机袋等，关注细节才能让游客有好的体验。其次，提供以游客为中心的互动。对同一个项目的体验存在着千差万别的效果，而从本质上看，体验并不是企业提供给客人的，而是客人与"那些策划事件"互动的结果①。所以需通过提高从业人员的文化底蕴来改善产品及其服务方式，员工除了掌握常规的服务技能外，还须掌握康体设施和娱乐活动的操作技能，担当陪练、解说者、组织者等专业化角色，营造和设计游客体验的整体环境氛围。最后，须考虑游客的旅游体验诉求。体验过程贯穿于温泉旅游消费整个活动中，应建立一套完善的投诉处理程序，及时监控游客对旅游体验过程和体验后的评价，重视游客的兴趣和感受，满足不断变化的游客需求。

（三）实施体验型营销策略

在温泉旅游营销中，确立以游客为中心的营销理念，将游客的需求和体验作为营销首要考虑的因素。首先，确定温泉旅游地的主题和形象，良好的旅游形象能刺激消费者的动机，甚至激发消费者实现其动机。影响游客是否来旅游的一个重要因素就是目的地形象。其次，运用市场细分策略进行目标市场的准确定位。准确定位目标市场并提供相应的旅游产品和服务是目的地成功的秘诀。目前甘肃有高消费的"贵族式"和低消费的"洗浴式"温泉，应开发一些中等消费层次的

---

① 厉新建：《旅游体验研究进展与思考》，《旅游学刊》2008 年第 6 期。

温泉。不同等级、规模的温泉休闲场所交叉经营，才能满足不同层次的游客需求。最后，拓宽宣传渠道。甘肃温泉旅游宣传方式单一，应尽快组建温泉旅游网，建立电子商务平台，积极与旅行社合作宣传，这样既可以提高温泉旅游地的知名度，还可以进行网上营销。

（四）鼓励社区参与式的开发

社区居民是旅游产品的核心，主—客互动也是旅游体验中的重要方面，能丰富游客的旅游体验经历。由于社区居民对旅游地开发的影响感受最深，社区成了塑造游客体验的重要道具，也是游客产生新鲜感与亲切感的重要场所，因此促进社区参与式发展实质上是保护了旅游地文化的多样性。社区参与式的发展使社区居民得到相应的经济利益，提高了温泉旅游地的环境保护意识，满足了游客体验当地社会和文化的需求。

第三章 新疆地热资源及温泉资源 开发潜力评价

第一节 新疆地热资源

新疆维吾尔自治区地处欧亚大陆腹地，地域辽阔，面积达166万 km²，是我国面积最大的省区。新疆东面和南面与甘肃、青海和西藏相邻，从东北到西南与8个国家接壤，边境线长达5600多km。新疆辖4个地级市、5个自治州。

新疆地域辽阔，地质构造复杂多样，地壳活动频繁，各时代地层齐全。受地质构造的影响，境内地貌呈"三山夹两盆"的格局，阿尔泰山、天山、昆仑山与准噶尔盆地和塔里木盆地构成了新疆地貌的基本轮廓。阿尔泰山分布于最北部，昆仑山与阿尔金山分布于最南部，天山横亘于中部，将其分为南疆、北疆两个部分。阿尔泰山与天山之间为准噶尔盆地，昆仑山—阿尔金山与天山之间为塔里木盆地。山地受外营力的侵蚀与剥蚀，由流水携带大量物质源源不断地补给盆地，盆地成为山区剥蚀物质堆积的场所。在两大盆地边缘的山前地带，形成大面积的冲洪积倾斜平原、冲积扇和洪积扇；而盆地中则为平坦的冲积平原与湖积平原，疏松物质经风吹扬，形成大片的沙漠。

在气候条件方面，由于新疆远离海洋，深居内陆，四周有高山阻隔，海洋气流不易到达，形成明显的温带大陆性气候。气温温差较大，日照时间充足（年日照时间达2500—3500小时）。新疆年平均降水量为150mm左右，降水量少，气候干燥，各地降水量相差很大，南疆的气温高于北疆，北疆的降水量高于南疆。

受地形和气候的影响，在新疆境内形成了独具特色的大冰川，共计1.86万余条，总面积2.4万km²，占全国冰川面积的42%，冰储量2.58万亿m³，是新疆天然的"固体水库"。新疆三大山脉的冰川、积雪孕育汇集了500多条河流，分布于天山南北的盆地，其中较大的有塔里木河（中国最大的内陆河）、伊犁河、额尔齐斯河（流入北冰洋）、玛纳斯河、乌伦古河、开都河等20多条。许多河流的两岸，都有无数的绿洲。新疆有许多自然景观优美的湖泊，其中著名的十大湖泊是：博斯腾湖、艾比湖、布伦托海、阿雅格库里湖、赛里木湖、阿其格库勒湖、鲸鱼湖、吉力湖、阿克萨依湖、艾西曼湖。

一　新疆地热资源类型

地热资源的形成及分布主要由地质构造的特点及所处的全球构造位置所决定。一般情况下，全球性的地热带分布于地球表面各大板块的交界部位，中、低温地热水的出露和分布与板块内部活动性深大断裂及沉积盆地的发育和演化存在着很大的联系。新疆地区的地质构造在一定程度上决定了新疆地热资源的存在形式，分为褶皱山地断裂型和沉降盆地型两大热水区[1]。新疆95%的地热水点分布于山区，主要集中于阿尔泰山南坡、天山西段和西昆仑山北坡，仅有不足5%的地热水点分布于各盆地平原区。

（一）褶皱山地断裂型热水

该类型是指地壳隆起区（古老的褶皱山系或山间盆地）多沿构造断裂展布的呈条带状分布的地热水密集带，其规模大小因地而异，取决于断裂构造带的规模和新构造活动的强度，一般数十公里到数百公里。新疆褶皱山地断裂型热水按其所处的地理位置以及二级地质构造和控水断裂划分为3个热水带，分别是阿尔泰地热水区、天山山地热水区及昆仑山西部山地热水区。在垂直方向上，随着海拔的降低，地

---

① 顾新鲁、刘涛、陈锋等：《新疆地热资源成因类型及控热模式分析》，《新疆地质》2015年第2期。

热水点逐渐减少，水温也逐渐降低。褶皱山地断裂型地热水的形成主要与地下水沿断裂带深循环后正常增温有关，地热水的温度一般为25—55℃，最高达72℃。流量一般为1.5—30m³/h，最大达72m³/h。

（二）沉降盆地型地热水

沉降盆地型地热水主要分布于准噶尔、塔里木、吐鲁番—哈密三大盆地，即准噶尔和塔里木盆地的边缘地带、吐—哈盆地边缘和博乐谷地中。它们最主要的特征就是热储层具有一定的展布空间，热储层主要由古生—中生界砾岩、含砾砂岩、火山碎屑岩组成，为孔隙含水介质，埋藏深度一般在2000m以下，储层温度50—90℃，最高达172.5℃，平均地温梯度1.5—2.9℃/hm，部分孔段达3—4℃/hm①。沉降盆地型地热水的地温梯度在隆起带与拗陷带的分界地段以及隐伏深大断裂带附近较高。

二　新疆地热水概况

新疆地热资源丰富，据不完全统计，新疆现有地热资源79处，其中地热水有72处（见表3.1），热气泉有7处，它们广泛分布于阿尔泰山、天山、昆仑山山区以及山区与盆地相衔接的山前地带。新疆地热水的分布与赋存受地形地貌的控制，与含水层岩性、所处地质构造和水文地质条件有密切的关系。新疆绝大多数地热水在成因上属深循环溶滤型，即在大气降水或高山积雪融水的补给后，下渗到岩石孔隙之中，循环于地下深处，几经加温加压，在一定的构造地貌条件下，沿深大断裂或裂隙上升直接出露于地表形成温泉，或补给浅层地下水。新疆地热水中60—90℃的仅6处，均分布在帕米尔高原地区，其余均为中低温类型（＜60℃）。地热水水温具有明显的地区规律，呈现出从南向北依次降低的趋势。南部的昆仑山温度普遍较高，多大于40℃，天山地区温泉水温略低一些，阿尔泰山地区水温最低。用SiO_2温标法估算出的地热储层温度也显示出同样的变化趋势，昆仑山地区热储温度110—190℃，天山为80—

---

① 王社教、胡圣标、汪集旸：《准噶尔盆地地热流及地温场特征》，《地球物理学报》2000年第6期。

150℃，阿尔泰山为70—136℃，反映出地热异常活动强度有由南向北，由西向东逐渐减弱的趋势。

表 3.1　　　　　　　　　　　新疆地热水概况

地州	市/县	序号	温泉名称	水温（℃）	流量（l/s）
—	乌鲁木齐市	1	水磨沟温泉	27—28	2
—	克拉玛依市	2	阿拉山温泉	43—63	—
阿勒泰地区	富蕴县	3	切格尔台温泉	35.2	1.2
		4	库木阿拉善温泉	30	1.5
		5	巴利尔斯温泉	44	2.4
		6	巴拉尔茨温泉	30—50	—
		7	沃萨依温泉	33.8	1.4
		8	库洛恩也木温泉	32—35	0.7
		9	喀拉卓拉沟口温泉	29—34	1.07
		10	季兰德温泉	25—41.5	1.52
		11	巴拉额尔齐斯温泉	51.5	50
	福海县	12	阿拉善温泉	25—52	12.15
		13	库马拉山温泉	33.8	0.4
塔城地区	托里县	14	铁厂沟温泉	28.5	0.23
	乌苏市	15	乌苏温泉	42.5	35.7
	沙湾县	16	沙湾温泉	31–53	5.51
昌吉回族自治州	呼图壁县	17	达拉拜温泉	37.4	0.9
	吉木萨尔县	18	五彩湾古海温泉	72	3.2
博尔塔拉蒙古自治州	博乐市	19	阿克萨依温泉	54	—
	温泉县	20	博尔塔拉温泉	42—61	—
		21	博格达尔温泉（圣泉）	40—50	—
		22	鄂托克赛尔温泉（天泉）	47.2	10.8
		23	阿尔夏提温泉（仙泉）	36—42	0.9
		24	温泉县小温泉	51.8	0.79
—	吐鲁番市	25	吐鲁番北温泉	34	0.7

续表

地州	市/县	序号	温泉名称	水温（℃）	流量（l/s）
伊犁哈萨克自治州	伊宁市	26	火龙洞	40—187	—
	霍城县	27	火龙洞	40—100	—
	尼勒克县	28	喀什河源温泉群	60	
		29	阿克乌增温泉	25—60	
		30	庭克特温泉	25—60	
		31	阿尔桑温泉	25—60	
		32	塔尔阿尔桑温泉	25—60	
		33	巴尔盖提温泉	42—44	11.1
		34	布隆温泉	38.5	5.2
		35	尼勒克萨依温泉	35.1	0.8
	特克斯县	36	克德萨依温泉	34.2	3.7
		37	小阿拉善温泉	35.7	0.8
		38	克克苏温泉	42.2	1.3
		39	阔克苏温泉	40—50	—
		40	阿克托海温泉	40	
	昭苏县	41	夏特温泉	42—46	5.5
	察布查尔县	42	察布查尔县宁三井	20.1	0.26
巴音郭楞蒙古自治州	和静县	43	阿尔先温泉	43—63	13.2
	库尔勒市	44	阿尔先沟温泉	56.5	—
阿克苏地区	拜城县	45	琼阿帕热气泉	55—123	—
		46	铁热克温泉	58	7.4
	柯坪县	47	音干温泉	25.1	4
		48	音干地热井	23	5
克孜勒苏柯尔克孜自治州	阿克陶县	49	盖孜温泉	30.9	2
		50	公格尔温泉	47	20
		51	唐哥塔温泉	62.9	12.5
		52	羊布拉克温泉	72.1	6.7
		53	引水洞温泉	42.5	1
	阿图什市	54	哈拉峻乡热水井	20.3	20

续表

地州	市/县	序号	温泉名称	水温（℃）	流量（l/s）
克孜勒苏柯尔克孜自治州	乌恰县	55	玉其塔什温泉	22.9	15
		56	库库尔特温泉	21	24
		57	乌恰温泉	30.2	0.7
	阿合奇县	58	吉鲁苏温泉	36.7	1.6
		59	治雷苏温泉	36	—
喀什地区	塔什库尔干县	60	塔合曼温泉	64	5
		61	塔合曼地热井	25.1	1
		62	拜什库尔干温泉	37.3	8
		63	瓦恰温泉	30.3	1
		64	达布达尔温泉	66.6	2.2
		65	马尔洋温泉	55.7	10.2
		66	色克布拉克温泉	51.3	9
		67	库科西力克佰恰温泉	65.5	5
		68	曲曼热水井	146	7.3
		69	县城热水井	27.4	15.8
	叶城县	70	黑黑孜江干温泉	50—60	—
		71	哨卡温泉	—	—
和田地区	民丰县	72	阿依吐拉罕马扎温泉	24.8	0.2

注：表中数据根据新疆地矿局、旅游局提供的资料整理，表中"—"代表数据未知。

新疆还存在特殊类型的地热水—热气泉。新疆境内发现了 7 处热气泉[1]，6 处分布于天山山麓两侧低山丘陵区的侏罗系煤层中，还有一处分布于西准噶尔界山（见表 3.2）。这类热气泉均出露在煤层自燃的烧变岩和碎屑岩地层之内，它们的形成是由于煤系自燃产生的热量，使上覆和周边含水层中地下水加热增温，形成热蒸汽沿岩层节理、裂隙、断裂向外逸出，属热量释放而形成独特的热气泉，具有埋藏浅、温度高、形态各异的特点。热气泉在国内也较为稀缺，它们被

---

[1] 吴继尧、姚华、郑玉建等：《新疆热气泉调查分析》，《新疆医学院学报》1994 年第 2 期。

誉为"天然桑拿浴",水蒸气携带的氡、氩等元素对于关节炎、风湿病、减缓衰老等有较强的功效。

表 3.2　　　　　　　　　　　新疆热气泉一览表

热气泉名称	出露点数（个）	温度（℃）	备注
和丰县热气泉	10	50—62.5	有硫黄味
昌吉硫磺沟热气泉	20	45—95	具似水沸声
伊犁火龙洞热气泉	>10	100—187	具似水沸声
温宿县垞阿尔帕热气泉	1	40—60	
轮台县阳霞热气泉	20	89—96	具似水沸声
呼图壁县西沟热气泉	6	70	有硫黄味
呼图壁阿拉赛热气泉	2	53—62	有硫黄味

三　新疆地热资源的分布特征

　　新疆地热资源丰富,主要分布于阿尔泰山南坡、天山西段和西昆仑山北坡等广大地区。新疆各地区温泉资源分布如表 3.3 所示。各热水区的水热活动强度自南而北,自西向东逐渐减弱;地热水的分布密度自南而北也逐渐减少,水温逐渐降低[①]。新疆地热水总体分布明显具有深大断裂控制的特征。

表 3.3　　　　　　　　　　　新疆各地区温泉资源分布

县市名称	热气泉	温泉	低温温泉	中温温泉	高温温泉	总数
乌鲁木齐市		1	1			2
克拉玛依市		1				1
阿勒泰地区		11	4			15
塔城地区	1	3		1		5
昌吉回族自治州	1	4		1		6

---

　　① 陈锋、刘涛、顾新鲁等:《新疆地热水分布与地质构造的关系》,《西部探矿工程》2016 年第 2 期。

续表

县市名称	热气泉	温泉	低温温泉	中温温泉	高温温泉	总数
博尔塔拉蒙古族州		5	1			6
吐鲁番地区		1				1
伊犁哈萨克自治州	1	18	3	3		25
巴音郭楞蒙古族自治州	1	2	1			4
阿克苏地区	1	4	4			9
克孜勒苏柯尔克孜自治州		11	4		1	16
喀什地区		10	2		2	14
和田地区		1	1			2
合计	5	72	21	5	3	106

数据来源：张良丞编：《新疆的宝藏》及新疆旅游局资料。

（一）地热水的分布与板块构造的关系

从古板块的角度看，昆仑山地区的地热水多分布在羌塘古板块与塔里木古板块缝合线地带的西部地区。西昆仑山地区的 19 处温泉，人工出露的 1 处热水井，均集中分布在康西瓦古缝合线两侧的古板缘活动带上，大致沿康西瓦—麻扎北—安大力塔格—木吉北侧超岩石壳深大断裂与帕米尔大环状构造复合部位及伴生断裂、交叉或人字形构造的分支断裂展布[1]。地热水分布密度较大且水温较高（最高达72℃），矿化度也较高，多形成中高温地热资源。

天山地区地热水的分布则兼具古板块板缘与板内两种类型地热带的特点，地热水分布数量较昆仑山减少，水温 20—50℃，多为中低温地热资源。其中伊犁—巴轮台地区是地热水出露较多的地区，构造上正界于伊犁—哈密沉降造带的西部，近东西向的尼勒克大断裂以及一系列与之配套的北东向和北西向断裂控制了地热水的形成与分布。沿该构造带出露的温泉主要为巴尔盖提、阿拉善萨依、孟克德萨依和阿拉善等 14 处，而乌鲁木齐以东仅有两处地热露头。

阿尔泰山南坡地区的 9 处温泉受控于额尔齐斯河大断裂，皆分布

---

[1]　王道、许秋龙、陈玲等：《新疆地下热水特征及其与地震活动的关系》，《地震地质》1999 年第 1 期。

在红山嘴大断裂两侧，地热水水温较低，一般都小于40℃，属西伯利亚古板块内地热带类型。

综上所述，新疆地热活动具有下述几个明显的特点：①地热活动带多展布于古板块板缘深大断裂带两侧的板缘活动带上，受深大断裂的控制比较明显，地热水呈条带状密集出露于深大断裂的两侧。地热水出露的密集程度受新构造运动的影响较大，在地震活动频繁、新构造运动强烈的地区，地热水分布较密集，反之则少。②从全疆水热活动的强度看，水热活动区自南而北、自西向东逐渐远离现代板块边界地区，水热活动的强度自板缘向板内也逐渐减弱，地热水的类型也由中高温地热水转向中温、中低温地热水，反映了地热场分布与构造的对应关系。从地热水的水温看，也具有自南而北逐渐降低的特点。③地热水的热源是地下水在地壳内部深循环过程中，在正常地温梯度下加热形成的。地热水的温度受控于地下水沿断裂或破碎带循环的深度及溢流和排泄通道的保温条件等多种因素，因而地热水的温度差异较大。

（二）地热水的分布与地貌的关系

新疆地热水的分布受地貌控制极为明显，从山区到平原呈现有规律的递减趋势。新疆80%以上的地热水分布在基岩裸露、裂隙发育、切割强烈的中高山和中低山区，其中：①昆仑山区出露的地热水占全区地热水总数的31%，出露海拔高程均在3000m以上，水温较高，多大于40℃，最高达72℃；②天山中高山和中低山区出露的地热水占全区地热水总数的45%以上，出露高程在1500—3000m，水温比昆仑山区低，多在20—60℃，沿乌鲁木齐—伊犁方向分布的地热水具有带状集中分布的特点；③阿尔泰山南麓山区分布的地热水占全区地热水总数的10%左右，出露高程在1400—2000m，水温多在32—52℃，具有沿北西—南东方向呈带状分布的特点；④低山丘陵区指山地与盆地间的过渡地带，海拔高程多在1500m以下，沿该区分布的地热水较少，共有7处，仅占全区地热水总数的8%左右，呈零星分布，水温较低，多低于30℃，⑤盆地拗陷区海拔均小于1000m，地热水数量较少，但水温较高。

总体来说，新疆地热水的分布从中高山区、中低山区、低山丘陵区到盆地拗陷区，随海拔的降低逐渐减少，水温也逐渐降低，这对地热资源的勘探和开发利用构成了不利条件。

四　新疆地热水水化学特征

新疆地热水矿化度 0.132—138.82g/L，一般为 0.15—4g/L，多为低矿化度热水。地热水矿化度的分布特点是南天山地区最高，阿尔泰山地区最低，且具有随水温升高而增加的趋势。在垂直分布上，从山区—低山丘—平原盆地，随海拔高程的递减矿化度逐渐升高，随水温的升高 pH 值逐渐增高。地热水的 pH 值介于 7—9.3，最高达 9.6，基本上呈偏碱性。地热水的总硬度多在 3—50°dH，个别可高达 629.98°dH。

新疆地热水化学成分复杂、水质迥异。水化学类型较多，共有 26 种化学类型，其中以硫酸盐型水为主，其次是碳酸盐、硫酸盐混合型水和氯化钠型水。在区域分布上，阿尔泰山以 $HCO_3 \cdot SO_4$-Na 型水为主，天山以 $SO_4 \cdot HCO_3$-Na 型或 $SO_4 \cdot Cl$-Na、$Cl \cdot SO_4$-Na·Ca 型水为主，昆仑山以 $SO_4 \cdot HCO_3$-Na 或 $HCO_3 \cdot SO_4$-Na 型水为主。

新疆约 85% 以上地热水都达到了医疗矿水的标准，以淡温泉、硫化氢泉和硅酸泉为主，其次是氯泉、氯化钠泉。有的地热水含有较高的氟、硼、锶、锂等微量元素，达到氟水、偏硼酸水、锶水、锂水的标准。地热水中的微量元素有氟、锂、硼、砷、锶、碘、锰、铅、铜、锌、铬、钼、硒等，还有氮气、硫化氢、甲烷等气体成分及铀、镭、钍、氡等放射性组分。有的温泉有 6—7 项元素达到医疗矿水的标准，具有较高的医疗价值。其中位于阿尔山的福海阿拉善温泉的氡含量高达 451.6±108.7eman/L，为国内罕见的强放射性水。

第二节　新疆温泉旅游开发潜力评价

一　新疆温泉旅游业发展现状

（一）新疆旅游业发展情况

新疆是中国旅游资源极为丰富的省份，尤其是举世闻名的"丝绸之路"为新疆独特的自然风貌增添了丰富的人文旅游资源。新疆充分发挥区域优势和连接亚欧大陆桥"桥头堡"的特殊地理位置，旅游业得到了快速发展，为新疆经济社会的发展注入了活力。截至2016年新疆就有56种旅游资源类型，约占全国旅游资源类型的83%。全疆共有景点1100余处，如享有"天山明珠"盛誉的天山天池、位于新疆巴音郭楞蒙古族自治州若羌县的楼兰古城、闻名遐迩的"清凉世界"吐鲁番葡萄沟等。截至2016年末新疆拥有优秀旅游城市13个，旅游强县1个。截至2017年底，新疆有5A级旅游景区12个，4A级景区73家，3A级景区131家，国家级风景名胜区6个，国家地质公园8个，国家森林公园21个，国家级自然保护区15个，国家湿地公园4个，国家园林城市3个，国家园林县城7个。

2016年新疆接待旅游总量8102万人次，其中，入境旅游201万人次，国内旅游7901万人次，实现旅游总消费1401亿元，旅游收入占全年GDP的14.5%。随着居民旅游消费意识的增强、可支配收入的提高、交通设施进一步完善及政府部门对旅游业发展的重视和支持，新疆旅游业的发展前景将更加广阔。

（二）新疆温泉旅游资源开发利用现状

新疆温泉资源比较丰富，温泉开发利用历史悠久，天然出露的温泉主要用于洗浴疗养方面。受经济发展水平、交通区位等因素影响，新疆温泉的开发利用远落后于经济发达的东部省区。目前，全疆温泉开发利用较好的有乌鲁木齐水磨沟温泉、昌吉回族自治州昌吉市硫磺沟热气泉、塔城地区沙湾温泉、乌苏温泉和喀什地区塔什库尔干县塔合曼温泉等，这些温泉已经建成集疗养、康复与休闲为一体的现代化综合旅游胜地。除此之外，伊宁火龙洞热气泉被用于食品加工。在一些人烟稀少、交通不便的山区，温泉所在地建有简易的温泉洗浴设施，当地群众用来洗浴治病。而分布在南北疆高山区的温泉，交通极为困难，基本上未利用，约占新疆地热总数的10%。总体来说，新疆温泉资源北疆开发利用较早、较好，南疆开发利用较差。新疆旅游局资料统计显示，目前新疆已开发的19个温泉旅游区，北疆有16个，南疆有3个。

二　构建温泉开发潜力评价模型

（一）温泉开发潜力评价指标体系

构建科学合理的评价指标体系是温泉资源开发潜力评价的基础。本书从温泉资源价值和区域开发条件两方面构建温泉旅游地开发潜力评价指标体系（见图3.1）。该体系包括目标层（A）、综合评价层（B）、因素评价层（C）和指标评价层（D）4个不同层次的评价体系。本书采取典型样本与综合评价相结合的办法，即温泉资源价值以每个温泉为样本，而区域开发条件则以新疆15个市州为单元进行评价。

1. 温泉资源价值条件

温泉资源是旅游开发的前提条件，也决定着温泉旅游开发潜力的大小。温泉资源价值从温泉资源本底、游览价值、区域温泉综合质量和区域环境条件四个方面来评价。温泉资源本底是温泉旅游开发的主要因素，温泉的温度越高，流量越大，对人体有益的矿物元素含量越多，温泉的医疗保健功能就越强，可持续开发能力也越高。温泉的游览价值也是温泉资源价值的重要组成部分。有的温泉出露形态多样，如间歇式喷泉、热气泉，有的温泉是历代名人游历的地方，这无疑增加了温泉旅游地的观赏价值和文化内涵。由于大多数温泉沿断裂带聚集分布，因此该区域温泉的综合质量也会影响单个温泉的价值。区域内温泉资源空间集聚程度越高，温泉的知名度越高，其开发利用价值就越大，但对聚居地其他不知名的温泉来说，空间竞争越激烈，挑战越大。温泉旅游资源的开发与区域环境条件密不可分。对体验性较强的温泉旅游来说，泡浴只是休闲的一个方面，仅靠单一的洗浴模式不足以吸引大量的游客。目前温泉旅游的开发向旅游休闲度假等综合方式转变，温泉地周边优美的自然环境、舒适的气候条件、深厚的文化底蕴都影响着温泉旅游综合性开发的成败，因此温泉地自然资源和人文景观的数量越丰富，级别越高，气候条件越舒适，对游客的整体旅游吸引力就越大。

2. 温泉旅游开发条件

温泉旅游资源的开发涉及经济条件、客源条件、交通条件和政府层面因素。区域经济发展水平直接影响着旅游开发规模和游客的消费水平，经济越发达的地区，越有能力把大量资金投入旅游开发中。客源规模是温泉旅游业发展的生命线，温泉旅游地需要依托较理想的城镇人口才能达到维持经营的门槛游客量，因此，客源市场的人口规模和城市化水平决定着温泉旅游地的客源规模。交通条件在很大程度上决定着旅游业发展的条件和地位，良好的交通条件能吸引更多的游客到达旅游目的地。任何一项产业的打造都离不开政府的支持，政府对温泉旅游开发规划和引导、基础设施和公共服务的提供也至关重要，政府的扶持和投资力度是影响温泉旅游顺利开发的重要因素。

（二）确定评价因子权重

影响温泉旅游开发潜力的因子较多，但各因子的影响方式和强度不同。本书采用层次分析法（AHP）确定各层次评价指标的权重，通过专家咨询的方式，邀请旅游局、高等院校具有旅游、地理、生态、经济等学科背景的专家学者，对各层次指标进行判断比较，最后综合分析得出各层指标权重，结果见表3.4。

表3.4　　　　　　　温泉开发潜力评价因子权重

目标	综合评价层	权重	因素评价层	权重	指标评价层	权重
温泉旅游开发潜力 A	温泉资源价值 B1	3.35	温泉资源本底 C1	1.11	温度 D1	0.43
					流量 D2	0.37
					含微量元素 D3	0.31
			游览价值 C2	0.76	观赏游憩价值 D4	0.25
					康体保健价值 D5	0.33
					科学与文化内涵 D6	0.18
			温泉综合质量 C3	0.76	区域温泉资源集聚度 D7	0.32
					区域温泉知名度 D8	0.44
			周边环境条件 C4	0.72	自然环境条件 D9	0.39
					人文环境条件 D10	0.33

续表

目标	综合评价层	权重	因素评价层	权重	指标评价层	权重
温泉旅游开发潜力A	区域开发条件 B2	6.65	经济发展水平 C5	1.90	温泉所在区（州）人均 GDP D11	1.01
					温泉所在县（区）人均 GDP D12	0.89
			客源条件 C6	1.75	温泉所在区（州）客源规模 D13	0.92
					城市化水平 D14	0.83
			交通条件 C7	1.62	区域交通条件 D15	0.87
					景区可进入性 D16	0.75
			政府层面因素 C8	1.38	政策扶持力度 D17	0.71
					投资力度 D18	0.67

（三）评价指标定量

评价因子的赋值应尽量减少主观因素，以期增强评价的客观性与可操作性，完善整个体系的公正性、合理性与可靠性。由于主观给评价因子赋值，评价结果难免缺乏客观性。本书尽可能地选取可量化指标，以国家和地区权威机构公开发行的数据为依据，构建温泉旅游开发序位评价体系（见表3.5）。

表3.5 温泉开发潜力评价赋值标准

评价因子	评价依据	评价方法
温度（D1）	水温影响游客体验	地矿局地热资料
流量（D2）	流量决定开发量并影响开发潜力	地矿局地热资料
含微量元素（D3）	对人体有益的矿物元素含量影响医疗保健功能	地矿局地热资料
观赏游憩价值（D4）	很好（9—10）、好（7—8）、较好（5—6）、一般（3—4）、差（0—2）	专家评判

续表

评价因子	评价依据	评价方法
康体保健价值（D5）	很好（9—10）、好（7—8）、较好（5—6）、一般（3—4）、差（0—2）	专家评判
科学与文化内涵（D6）	很好（9—10）、好（7—8）、较好（5—6）、一般（3—4）、差（0—2）	专家评判
区域温泉资源集聚度（D7）	区域内温泉资源空间集聚程度越高，空间竞争越激烈，从而对新兴温泉地的挑战越大	按一个市内或县内多少个温泉聚集程度定值
区域温泉知名度（D8）	很好（9—10）、好（7—8）、较好（5—6）、一般（3—4）、差（0—2）	专家评判
自然环境条件（D9）	采用综合舒适度指标 S	$S = 0.6 \mid T - 24 \mid + 0.07 \mid H_R - 70 \mid + 0.5 \mid V - 2 \mid$，T 为月均气温，$H_R$ 为月均相对湿度，V 为月均风速
人文环境条件（D10）	很好（9—10）、好（7—8）、较好（5—6）、一般（3—4）、差（0—2）	专家评判
温泉所在区（州）人均GDP（D11）	经济是旅游发展的物质基础	2017 年新疆统计年鉴
温泉所在县（区）人均GDP（D12）	经济是旅游发展的物质基础	2017 年新疆统计年鉴
温泉所在区（州）客源规模（D13）	温泉所在地的市/州的人口数	2017 年新疆统计年鉴
城市化水平（D14）	城市化水平用城市化率衡量	（非农人口/年末总人口）×100%
区域交通条件（D15）	交通连接度反映交通网络的发达程度，用 β 指数	β = 交通网中边的数量/交通网中顶点的数量
景区可进入性（D16）	各地州公路通达性情况	公路密度（万 km/万 km²）
政策扶持力度（D17）	很好（9—10）、好（7—8）、较好（5—6）、一般（3—4）、差（0—2）	专家评判
投资力度（D18）	第三产业占 GDP 的比重	2017 年新疆统计年鉴

三　综合评价结果

本书对新疆 72 处温泉的开发潜力进行评价，温泉开发潜力评价计算公式为：

$$E = \sum_{i=1}^{n} Q_i P_i$$

其中，E 为温泉资源的综合评价值；n 为指标的数目；Q_i 为第 i 项指标的权重值；P_i 为第 i 项指标的评分值。为了方便统计，将新疆 14 个地区分成 3 类开发潜力区，即高潜力区、中潜力区和低潜力区。新疆各地区温泉旅游资源开发潜力评价结果见表 3.6。

表 3.6　　　　新疆各地区温泉旅游资源开发潜力评价结果

研究区域	温泉资源价值	区域环境条件	区域开发条件	总分（分）	排名
乌鲁木齐市	15.07	15.28	44.79	75.14	1
克拉玛依市	19.60	11.89	27.32	58.81	8
阿勒泰地区	15.13	14.68	29.99	59.80	6
塔城地区	16.52	8.36	36.40	61.28	5
昌吉回族自治州	14.79	13.04	36.87	64.70	3
博尔塔拉蒙古自治州	15.15	12.59	36.46	64.20	4
吐鲁番市	10.44	12.60	30.18	53.22	11
伊犁哈萨克自治州	15.85	17.32	33.73	66.90	2
巴音郭楞蒙古族自治州	11.65	13.64	30.92	56.21	10
阿克苏地区	13.45	16.88	28.81	59.14	7
克孜勒苏柯尔克孜自治州	11.20	5.20	22.84	39.24	13
喀什地区	11.47	14.59	30.54	56.60	9
和田地区	10.70	6.28	29.88	46.86	12

注：哈密地区没有温泉，所以不参与计算。

（一）高潜力区

高潜力区包括乌鲁木齐市（75.14）、伊犁哈萨克自治州（66.90）、昌吉回族自治州（64.70）、博尔塔拉蒙古自治州

（64.20）、塔城地区（61.28）、阿勒泰地区（59.80）、阿克苏地区（59.14）的品质优良的温泉。高潜力区重点分布在天山北坡经济开发带和以伊宁、博乐等市为中心的重点开发区，利用优质的温泉资源和便利的交通条件，应继续深挖产品内涵，融入地域文化元素，加强品牌建设，打造新疆地区温泉旅游龙头产品。

1. 乌鲁木齐市

乌鲁木齐水磨沟地热带沿走向为北北东的水磨沟—白杨南沟区域性断裂带发育，地热水流量 0.075—1.3L/S，水温 25—32.5℃，总矿化度 7—8g/L[①]。水磨沟温泉位于乌鲁木齐东侧著名的风景旅游区，距市中心约 5km，是乌鲁木齐唯一一处温泉，水质独特，历史悠久。温泉中锶、氟、硫化氢、偏硼酸、钡等达到有医疗矿水价值或命名的浓度，气体总量达 30.29mg/L，具有较高的医疗价值。经多年临床实践，该泉对顽固性皮肤病，各类风湿性疾病具有明显疗效，配合体疗，对创伤、腰腿病、脑血管、心血管疾病、高血压等均有一定疗效，少量饮用还可以治疗胃病。1768 年，清代文人纪晓岚游览水磨沟温泉曾沐浴赋诗。温泉被人们作为"健身骨、治百病"的"神水"。

由于该温泉位于乌鲁木齐市区，交通方便，基础条件好，并与风景秀丽的清泉山水磨沟公园相邻，香港一公司已独资在清泉山上兴建占地面积 4 万 m² 的多功能度假村。作为欧亚商贸中心的乌鲁木齐市，除了利用地热资源开发温泉旅游外，还可将地热用于温室种植与养殖，工业烘干、取暖等方面，使区内的地热资源发挥最大的效益，对全疆地热资源的开发利用起到推动和促进作用。

2. 昌吉回族自治州

昌吉回族自治州地热活动异常强烈，地热露头较多，有温泉和热气泉，水温较高，水质较好，水量也较大，表明该区地热资源丰富，开发利用前景广阔。

（1）昌吉硫磺沟热气泉

硫磺沟热气泉位于昌吉市以南 28km 的硫磺沟办事处。该热气泉距

---

①　祖浙江：《乌鲁木齐水磨沟地热资源类型及勘查方法》，《新疆地质》2007 年第 3 期。

乌鲁木齐市约50km，海拔1210m，交通方便，具有便利的开发利用条件。热气泉占地面积约300m²，在喷着"火舌"的火烧山上，垂直分布着13处热气泉，泉群相距40m。热气泉温度较高，在45—95℃。泉口水气的pH值2—6，热辐射值0.2—0.8cal/（cm²·min）。测试结果表明该热气泉是一种含放射性氡较高的酸性热气泉，气体中的 H_2S、CO_2、SO_2、NOx、F、细菌总数等项指标均在国家颁布的"工业企业设计卫生标准"之内，对人体无害。放射性氡为医源治疗性物质，氡含量高亦为热气泉疗效之所在。据该院有关人员连续五年对近万人的治疗观察，认为该气泉对类风湿性疼痛、关节炎、皮肤病、神经衰弱等疾病具有较高的医疗价值。治疗季节集中在5—7月，年接待人次在1万左右。治疗的病人中哈萨克族占50%，维吾尔族占20%，其他为汉族等，主要来自昌吉、阿勒泰和吐鲁番等地，少量来自甘肃、陕西、河南、江苏、四川、山东等地。昌吉硫磺沟热气泉具有较好的开发利用价值和条件，是昌吉市地热资源开发利用的重点地区，在热气泉开发中，环境卫生、水源及住房条件还有待进一步改善。

（2）五彩湾古海温泉

五彩湾古海温泉位于新疆昌吉州吉木萨尔县北部沙漠（古尔班通古特沙漠）腹地，距县城115km，海拔474m。该温泉是1982年新疆石油管理局为勘查地层构造、岩性及含气情况钻成的勘探井，井深1800m。古海温泉是由古海沉积水孕育而生，经中科院水质鉴定分析，此水水龄为7.7亿年，水中含有溴、锶、锂、硼、硅酸等26种矿物元素，再加上75℃的水温，对关节炎、肩周炎、痛风、偏瘫、肌肉萎缩、皮肤病有显著疗效，而且有美肤作用。五彩湾古海温泉旅游度假区是国家3A级景区，距首府乌鲁木齐190km，是通往喀纳斯景区的重要中转站，同时也是辐射昌吉州东部精品环线（北庭古城、西大寺、江布拉克、恐龙沟、胡杨林等）的集散地。温泉度假区内有三星级酒店，还有沙漠卡丁车场、飞碟打靶场、沙漠排球场等娱乐活动场所，周边自然人文景观丰富，可建成昌吉地区的旅游度假休闲中心。

3. 塔城地区

塔城地区位于新疆西北部，该区地热活动异常强烈，地热露头较多，地热资源丰富，开发利用前景广阔。

（1）沙湾温泉

沙湾温泉位于沙湾县西南 78km 处，处于金沟河河谷之中，东、南、西三面环山。沙湾温泉有多处，有 1、2、3 号泉、眼睛泉、耳朵泉、鸡蛋泉、娘娘泉、冰泉等，各温泉主要治疗功效不同。温泉水温31—53℃，总涌水量 5.51L/S，水质较好，交通方便①。从成因上看，沙湾温泉属于断层泉，出露于石灰岩、凝灰岩和砂岩裂隙中。温泉水质透明，出口处有气泡冒出，有一股浓重的硫化氢味，原因是泉水出露之前曾流经硫黄矿，水中含氯、锂、硼、钡、铬、铜等元素，因此将此泉命名为硫化氢高热泉。该热泉对神经性皮炎、小儿麻痹、湿疹、牛皮癣等疾病均有较好的疗效。1952 年在此地建疗养院，并于1967 年建成浴池和病房 1500m²。沙湾温泉医疗作用显著，所在的金沟河谷树木葱郁，环境优美，区位条件优越。由于在温泉开发中没有重视环境保护，洗浴后的水未经处理直接排入金沟河，引起地表水及地下水水质下降。在将来的开发中，应将环境保护理念融入，注重尾水的梯级利用与净化处理，将整个旅游景区作为全域旅游景区来打造。

（2）乌苏温泉

乌苏温泉位于乌苏市南 40 余 km 的温泉沟内，交通十分便利。乌苏温泉水温不高，30—44.5℃，水量较小 0.2—0.3L/S，以前水量小无法利用。1977 年独山子炼油厂在温泉出露区打出一眼深 100m 的自流热水井，水温 44.5℃，水量为 3—9L/S，为之前温泉水量的 10 倍之多，水质较好，含有氟、锂、硼、锶等特殊组分，其中，氡含量达67.3 ±6.4eman/L。通过新疆地矿局第一水文地质工程地质大队实验室分析，温泉水质已达到医疗用淡温泉氟水、氡水、硅水、硼酸矿水的标准，② 对皮肤病、关节炎、风湿症、高血压和某些妇科病等有明显疗效，医疗价值较高。独山子炼油厂和乌苏市工会相继建设了有配

　　① 张滢：《新疆温泉资源的开发利用与可持续发展——以沙湾温泉旅游区为例》，《安徽农业科学》2011 年第 29 期。

　　② 李毓芳：《乌苏县医疗淡温泉氟水、氡水、硅水、硼矿水的考察》，《新疆地质》1993 年第 2 期。

套设施的职工温泉疗养院，取得了较好的经济效益。由于地热井开采后周围温泉的水量显著减少，致使原有的部分浴池废弃，因此乌苏温泉在将来的开发中，要加强监管，保证地热水可持续开发利用。

4. 博尔塔拉蒙古自治州

博尔塔拉蒙古自治州的地热资源主要分布在博乐谷地地热带，该地热带沿谷地中央近东西向博乐塔拉大断裂分布，在谷地西端的温泉县出露有三处温泉群，水温 32—65℃，流量 2.1—18L/S①。该区温泉资源丰富、交通方便、具有距市镇和口岸近的地缘优势。已开发利用的温泉有博格达尔温泉（圣泉）、鄂托克赛尔温泉（天泉）、阿尔夏提温泉（仙泉）等，温泉县以"神山圣水、西域泉都"为主题，着力打造"全国唯一以温泉命名的县"的品牌，立足地热、人文、生态、民俗等特色资源，将旅游业作为县域经济的主导产业。

（1）博格达尔温泉

博格达尔温泉被称为"三泉之首"，又称"圣泉"，冬季水温41—42℃，夏季水温48—50℃，水温变化与气温变化具有相关性。泉水外观呈无色透明状，属低矿化硫酸钠氟硅水，含钙、镁、锌、铜、锰、铁、碘等多种矿物质，具有较好的医疗价值，特别是对关节炎、类风湿、神经衰弱、消化系统病、循环系统病和多种皮肤病、高血压及部分妇科疾病疗效尤为显著。1952 年成立了温泉县疗养院，并进行了几次翻修和扩建。后来在温泉所在地建设亚联生态园，有星级宾馆和高档疗养区，盆池浴、原始池浴、淋浴、桑拿浴等给游客带来超值的享受，已成为集旅游、度假、餐饮、娱乐为一体的旅游胜地。每年从全疆各地及内地前来疗养洗浴的客人达 10 万人以上。

（2）鄂托克赛尔温泉

鄂托克赛尔温泉亦称为"天泉"，俗称小温泉，隶属鄂托克赛尔天泉景区，位于鄂托克赛尔河谷中段，距县城 70km，海拔 2300m。温泉水温高达 60℃，含有碳酸盐、硫黄及碘、磷、氢、硼、溴等微量元素，具有较高的医疗价值，对关节炎、神经衰弱、高血压、多种

---

① 顾新鲁、曾永刚：《新疆温泉县地热特征及成因模式分析》，《新疆地质》2011 年第 2 期。

皮肤病以及部分妇科疾病疗效尤为显著。天泉四周还分布有明目泉、养胃泉、护肤泉等，都具有极高的理疗和美容价值。

5. 伊犁哈萨克自治州

伊犁哈萨克自治州地热资源十分丰富，出露的地热点达 14 处之多，水温一般较高，在 30—60℃，水质较好，水量较大①。该区地热资源利用条件较好的有伊犁火龙洞热气泉和尼勒克巴尔盖提温泉。其他地热点出露区的自然地理条件较差，交通不便，利用条件不佳。

（1）伊宁市火龙洞热气泉

伊宁市火龙洞热气泉位于伊宁市西北 17.5km 的山丘中，热气从基岩裂隙中喷出地表，温度都在 100℃ 以上，最高达 187℃，热气泉展布面积较大，利用条件良好。1981 年，在热气泉处修建了热气疗养院。临床实践证明，该热气泉可以有效地治疗风湿病、关节炎、皮肤病、腰腿痛、头痛等多种疾病，效果极佳，来此洗浴治病者络绎不绝。由于该热气泉具有温度高、展布面积大、交通方便等有利条件，将来要提高热气泉的利用效率，将其用于医疗、食品加工、烘干，以及采暖等方面，会取得较高的经济效益。在旅游方面，依托伊犁昭苏县扎本尔特河两岸山清水秀似江南的天然景色兴建的"国际度假村"和"恋爱村"，把该区打造为一个集医浴、疗养、娱乐为一体的旅游开发区。

（2）巴尔盖提温泉

巴尔盖提温泉位于尼勒克县军马场北巴尔盖提沟中，距县城58km。此区有两处流量较大的泉眼，水温分别为 42℃ 和 44℃，水量1—2L/S，具有硫化氢气味，水质较好，为硫酸、氯化物钠型水，具有较好的医疗价值。1989 年，尼勒克县人民政府在温泉处修建了疗养院。到目前为止，接待各族患者已逾万人次，利用较好。2004 年由伊建集团投资 4000 多万元精心打造而成三星级温泉度假山庄，将温泉融入草原、雪山、冰川、云杉、温泉、溪流等独特的峡谷景观当中。

---

① 徐平：《新疆伊犁地区温泉资源开发现状及发展方向研究》，《伊犁师范学院学报》（自然科学版）2012 年第 1 期。

6. 阿勒泰地区

阿勒泰地区地热资源丰富，地热露头共有 8 处，分布较为集中，水温不高，在 30—55℃，水量较大，水质较好，具有较高的医疗价值。由于该区温泉多出露于山区，除少数温泉交通条件较好外，多数温泉交通不便，开发利用条件极差，极大地限制了该区地热资源的开发利用。

阿勒泰地区福海阿拉善温泉位于福海县北的阿尔泰山上，海拔 1400m，是阿勒泰地区最大的温泉。温泉水温 25—52℃，单泉涌水量 0.42—44.5L/S。温泉水质极好，偏硅酸、氟、氡含量均达到了医疗矿水命名的浓度，其中放射性氡含量 451.6±108.7eman/L，为强放射性氡水，这在国内也是罕见的。温泉可以有效地治疗风湿性关节炎、神经衰弱、牛皮癣等多种慢性病症，有较高的医疗价值。阿拉善温泉有大小泉眼 17 处，泉水温度、颜色各不相同。如热泉，水柱如碗口粗，喷起半米多高；"血泉"殷红似血，从山岩中渗出；"银珠泉"不停地从水底冒出一串串银珠似的水泡；"蛙泉"中有大拇指大小的青蛙；"蛇泉"内常有几条黑色小蛇盘在水底。此外，还有"白泉""冷泉""乳泉""虫泉""奶子泉"等。温泉区地下水资源丰富，开发利用潜力很大。温泉所在地风景迷人，该温泉可建成阿勒泰地区的康复疗养、休闲度假中心。将来应进一步完善基础设施、加强温泉的理化作用研究，并进行地热资源的综合利用，建立小型供热系统，提高热水利用率。

7. 阿克苏地区

阿克苏地区的铁热克温泉位于拜城县西北 45km 的铁热克镇境内，东南距拜城县城 50km，海拔 1862m。温泉位于老虎台活动性大断裂带上，岩体褶皱剧烈，断裂发育，裂隙广布，水热活动强烈。该区地热水资源丰富，有地热露头 4 处，涌水量 12—14L/S。热水中锂和硼达到医疗矿泉标准，被称为锂水与硼水，适合沐浴，对皮肤病、关节炎等有显著的医疗作用。温泉所在的拜城铁热克镇是一个集火电、煤矿、焦化厂等几十个中型企业的工业城镇，也是拜城县工业中心，其交通、自然地理条件均较好，风景优美，夏季气候宜人。目前该温泉已建成高档客房兼疗浴特间、游泳池等，可为不同层次的游客提供服务。

（二）中潜力区

中潜力区包括克拉玛依市（58.81）、喀什地区（56.60）、巴音郭楞蒙古自治州（56.21）的温泉，还有一些高潜力区的部分温泉。纵观中潜力区温泉资源开发的各因子分值，可知这些区域的温泉不管是温泉的资源品质，还是区域开发条件，都略逊于高潜力区的温泉。温泉资源的开发潜力不仅与温泉资源有关，其周边的自然和人文景观丰富程度也往往成为温泉旅游综合开发成功与否的关键因素。中潜力区的温泉开发要结合周边景点进行捆绑联合开发，积极对外营销，扩大知名度，开拓客源市场。

1. 克拉玛依市

克拉玛依市阿拉山温泉位于独山子城区西南40km处，山谷中常年有温泉喷涌，水温在40℃以上。温泉中含有十余种矿物和微量元素，对皮肤病、关节炎等病症疗效明显，素有"温泉水滑洗凝脂"的美誉。20世纪40年代这里就成为人们的疗养之地。阿拉山温泉景区环境优雅、设施齐全、风景秀丽、草木茂盛，是人们休闲疗养的好去处。

2. 伊犁哈萨克自治州

（1）银龙湾天浴温泉山庄

银龙湾天浴温泉山庄位于尼勒克县城东北70km的吉林台亲水游乐区内的巴尔盖提沟内，巴尔盖提是蒙古语，意为变质岩的温泉。泉水中富含硫黄、铁、锌、钾等32种矿物质，能起到舒筋活络、强身健体、润肤养颜、安神定神、抗衰老等保健作用。银龙湾天浴温泉山庄主要以餐饮、住宿和温泉洗浴为主。

（2）布隆温泉

布隆温泉位于尼勒克县境内，水温长年保持在38—40℃，pH值为8.6—9.0，温泉呈碱性。温泉水化学成分丰富，含对人体有特殊生物学作用的钾、钠、镁、溴、铁、锌、锂等30多种微量元素。温泉洗浴可治疗早期脑血管硬化症、高血压、冠心病、各类关节炎、皮肤病，蒸汽吸入可治疗支气管炎、神经痛、偏头痛等。

（3）夏特温泉

夏特温泉位于昭苏县境内，距离夏特峡谷谷口30余km，水温常年在42—46℃。温泉可分为碳酸泉、食盐泉、硫黄泉及放射泉，不同的水质对人体有不同的疗效，如扩张血管促进血液循环、增加肌腱组织伸展性、解除肌肉痉挛、减轻疼痛、改善免疫系统等。

（4）阔克苏温泉

阔克苏温泉位于特克斯县南，距离县城48km，有公路和山区简易公路到达，海拔1640m。温泉出自阔克苏河谷左岸岩石裂隙，有泉眼两处。水质清澈透明，手感光滑，水温40—50℃，泉水中含有碳酸盐、硫、磷等多种矿物质，对风湿病、关节炎、皮肤病等有较好疗效。

3. 昌吉回族自治州

昌吉地区呼图壁的热气泉和温泉很多，有兰特尔热泉群、达拉拜温泉群、阿克萨伊温泉群、西沟热气泉群、阿拉赛热气泉群五大温泉群，其中热气泉群按喷发热气时间分为间歇型和常喷型两种。温泉水温30—54℃，水量较大，总水量达20L/S，表明该区地下热水资源丰富，水质较好，含有硼、锂、氟、硫化氢等特殊组分，具有极好的医疗价值。呼图壁温泉附近还出露饮用矿泉水，山前保存有完好的古代岩画，交通条件较好，温泉的开发利用使该区成为一个融医浴、游览、娱乐、疗养为一体的"避暑山庄"。

4. 喀什地区

塔合曼温泉在塔什库尔干塔吉克自治县以北27km处，出露于海拔3200m的昆仑山巅塔合曼斯断陷盆地西南部。温泉沿塔什库尔干—塔台曼断裂带分布，开发利用条件较好的温泉有两处，水温51—65℃，水量1—5L/S，属于硫酸—重碳酸钠型水，水温、水质比较稳定。温泉中偏硅酸、偏硼酸、氟、铁、锶达到了有医疗价值或命名的浓度，并含有硫化氢气体和铀、氡、钍等放射性组分。其中塔合曼温泉的总铁含量达30.6mg/L，为铁水。随着红其拉甫口岸商贸活动的繁荣和该区登山旅游业的发展，给这个帕米尔高原上的温泉开发带来了机遇。由于区内气候寒冷、能源短缺、蔬菜供应紧张，综合开发利用区内丰富的地热资源，建立温室种植，发展水产养殖，开办高山温泉旅馆，利用热水供暖，开展皮革加工等，对于促进口岸边贸活动，改善国际登山旅游区的服务设施，繁荣民族经济有重要的作用。

5. 巴音郭楞蒙古自治州

阿尔先温泉位于巴音郭楞蒙古自治州和静县的巩乃斯乡，温泉群在阿尔先沟中间地段，离沟口 25km，海拔 2604m。阿尔先温泉分布广、泉孔多、水温高、水质甘甜、含有多种矿物质和微量元素，以医疗保健效果好而闻名新疆。温泉水温在 43—63℃，部分高温温泉孔涌出的水可直接用来浸泡中草药或沏茶。每个泉孔的出水都有不同的医疗作用，有去毒泉、去关节病泉、生肌健骨泉、降温泉、点滴冰泉等，不同的温泉有不同的功效。

6. 阿克苏地区

琼阿帕热气泉位于拜城县西北 85km 处，是南天山喀尔勒克塔格山间地热产生的热气从山崖间喷发形成的天然热气泉。热气泉的分布受断裂构造控制，顺岩体裂隙冒出，形成多处热气泉出露点。热气在地表的温度为 55℃ 左右，共有施工钻孔 4 个，显示最高温度为123℃，热储埋深 182m[①]。热气泉具有祛病、保健等神奇功效。现建有蒸汽浴室，置身其中，有着腾云驾雾、飘飘欲仙之感，尽享天然桑拿浴的神奇。琼阿帕热气泉地热资源丰富，有较好的疗养价值，周边景观优美，开发潜力大。

7. 阿勒泰地区

季兰德温泉位于富蕴县可可托海镇东北 30km 处，此地方圆几百米内有四个温泉，当地牧民称为季兰德温泉和三神泉。温泉水温25—41.5℃，水量较小，单泉涌水量 0.16—1.52L/S，水质较好，具有良好的医疗价值。由于温泉所在地较偏僻，仅有简易公路，不宜大规模开发利用。

8. 博尔塔拉蒙古自治州

阿尔夏提温泉坐落于温泉县阿尔夏提河的幽谷中，亦称仙泉，海拔 2695m，四周景色宜人。温泉水温 36—42℃，水中含有硫黄、硼、磷、碘、溴等 20 多种矿物质和微量元素，能治疗风湿病、股椎关节

---

① 宋家军：《新疆温宿县琼阿帕热气泉系统成因分析》，《工程技术》2018 年第 3 期。

疾病、皮肤病等。

（三）低潜力区

低潜力区包括吐鲁番市（53.22）、和田地区（46.86）、克孜勒苏柯尔克孜自治州（39.24），还包括中高潜力区一些开发利用价值不大的温泉。这些温泉大多出露在自然条件极差的高山，暂不适合开发。例如，南疆地区阿合奇、柯坪一带的地下热水，除了阿合奇治雷苏温泉可开发利用外，其他温泉水温较低，24—36℃，水量较小，且出露区的自然条件差，开发利用价值极低。喀什地区叶城县的黑黑孜江干温泉谷温泉，水温50—60℃，水量都较大，水质也较好，但出露于深山之中，交通极不方便。和田地区民丰县的阿依吐拉罕温泉温度24.5℃，水温低，水量较小，出露区自然条件极差，交通不方便，可简单地用于洗浴治病。伊犁哈萨克自治州出露的16处温泉，其中巴尔盖提温泉、银龙湾天浴温泉山庄、布隆温泉、夏特温泉、阔克苏温泉5处温泉开发利用条件较好，位于中高潜力区，其他10处温泉位于交通极不方便，人口分布稀少的山区，开发利用条件极差。克孜勒苏柯尔克孜自治州的阿图什市、乌恰县一带的地下热水，水温较低，均小于30℃，水量较小，利用条件极差。阿图什温泉中含有大量的微量元素，矿化度高达138.82g/L，属于热卤水，是寻找钾盐和卤水的重要标志，可作为钾盐、卤水和地下热矿水普查的远景区。低潜力区的温泉出露的自然条件较差，大多数温泉处在荒无人烟的山区，交通不便，开发利用难度大。对这些温泉，应根据实际情况，有的可做简单洗浴，有的可用于农业养殖等方面，从目前的经济条件看属于不经济的地热资源。

第三节　新疆温泉旅游开发的策略

一　总体开发策略

（一）实现资源—产品转化

新疆的温泉旅游以观光休闲保健为主，将来的开发要注重打造温泉产业链。从食、住、行、游、购、娱六要素中开发一批生活氛围浓厚，参与体验性强的旅游项目。在住宿方面，尤其是民族地区，要有体现民族特色的建筑吸引游客。在温泉泡浴方面，也要开展多样化的室内室外特色化泡浴方式，美容保健类的泡浴池，提供个性化的服务来满足游客多样化的需求。在购物方面，请专业的旅游纪念品开发公司，创作温泉纪念性旅游产品。在娱乐方面，要开发设计民族歌舞晚会，举办特色民族节庆日，让游客参与其中。这些参与性、体验性强的旅游项目不但丰富和提升了旅游产品，延长了游客滞留时间，而且增加了经济收益。

（二）利用交通区位优势，形成分区开发格局

新疆温泉旅游开发需依托具有一定经济基础的或接近交通干线的城镇，优先考虑开发距离交通干线近的温泉地，以保证温泉地通畅便捷的交通，在空间上形成大区域分散、小区域集中的分区开发格局。如伊犁哈萨克自治州尼勒克县温泉资源集聚度很高，尼勒克县地处新疆北部中天山西段伊犁河谷东北腹地，交通便利，区位优势明显。经"精—伊—霍铁路"进入伊犁的首座客货两用站"尼勒克站"就位于尼勒克境内，两大机场（伊宁机场、那拉提机场）位于县城东西两翼，距离在110km范围内。县城向东300km内有奎屯、独山子，向西距伊宁市110km，距霍尔果斯特殊经济开发区200km，优越便捷的交通网络使尼勒克县成为伊犁河谷的东大门，为温泉旅游分区开发创造了良好条件。喀什地区温泉的开发也可依托便利的交通条件。喀什具有"五口（岸）通八国，一路连欧亚"的地缘优势，与周边国家在经济贸易、产业结构、资源利用等方面经济互补性很强，蕴藏着很大的市场潜力和商机，良好的交通区位优势为温泉旅游创造了较优的开发条件。

（三）融合自然与人文环境，设计特色温泉旅游

新疆境内自然资源丰富，历史文化底蕴深厚，民俗风情多样。温泉旅游以其独特的自然景观为吸引点，深挖文化内涵，将文化融入温泉旅游产品、服务设施、建筑景观设计等各方面，使得温泉与周边环境协调共生。在开发方面，采用"温泉＋"模式，如精河县的敖包、克拉玛依的魔鬼城、阿勒泰的胡杨林和喀纳斯、木萨尔县古海温泉，可以打造成一条由敖包的情窦初开、魔鬼城的甜蜜刺激、胡杨林的浪漫唯美再到喀纳斯的婚纱摄影组成的爱情浪漫旅，享受温泉的奇妙之旅。

二　分区开发策略

不同地区的温泉资源品质不同，开发条件有所差异，应采取差异化的开发策略。优先开发的温泉资源禀赋、客源市场和区域环境条件都较好，开发潜力巨大，是旅游开发的理想区域。次优开发的温泉不管是资源品质还是综合开发条件明显劣于优先开发级别的温泉，要与高潜力区温泉形成错位发展。低潜力区温泉多出露于自然条件较差的地区，有的适合简单开发，大多暂不宜开发。

（一）高潜力开发的温泉及对策

高潜力区温泉主要分布在乌鲁木齐市、伊犁哈萨克自治州、昌吉回族自治州、博尔塔拉蒙古自治州、塔城地区、阿勒泰地区和阿克苏地区。这是当前新疆温泉旅游开发相对较好的区域，区内温泉旅游资源价值高，周边自然和人文资源丰富，区域开发条件好，开发潜力较高。该区开发策略主要有：①采取因地制宜的原则，依据各地温泉的特点，可设计休闲保健型、观光娱乐型、主题度假型、综合开发型等开发模式；②开展温泉旅游节庆活动，把温泉与少数民族及当地节庆活动结合起来，如哈萨克族的古尔邦节、开斋节，蒙古族的那达慕草原节，柯尔克孜族的肉孜节、马奶节等特色旅游节庆活动，可以吸引更多的旅游者泡浴温泉，参与节庆活动，增强温泉旅游地的魅力。③充分利用多种媒体，大力宣传提高温泉知名度。④加强温泉专业人才培养，不断提升旅游服务质量。⑤强化政府主导，加强统筹协调，政府应加大投资力度，改善温泉所在地的基础设施条件。

（二）中等潜力开发的温泉及对策

中等潜力区的温泉包括高潜力区的部分温泉和克拉玛依市、喀什地区、巴音郭楞蒙古自治州的部分温泉。这些温泉的资源价值、区域开发条件一般是高低条件相互组合，具有中等开发潜力。这些地区的温泉旅游开发水平较低，单纯靠温泉沐浴开发模式很难成功，因此将温泉资源和其他类型的旅游资源组合起来进行开发，形成捆绑效应，打造集观光、保健、疗养、休闲为一体的综合性旅游产品。该区域开发策略主要有：①积极改善交通条件，提高区域可进入性，同时也就扩大了客源市场范围；②挖掘地域文化内涵，打造特色温泉旅游产品；③科学地定位客源市场，有针对性地宣传促销，打造具有区域特色的温泉文化旅游品牌。④完善产品体系，整合温泉地周边自然人文旅游资源，延长温泉旅游产业链。⑤在缺少能源的城市，可发展地热供暖；处在市县周边的温泉可建立地热温室，提供优质蔬菜、瓜果等副产品，促进温泉资源的多元化利用。

（三）低潜力开发的温泉及对策

低潜力区的温泉主要分布在吐鲁番地区、和田地区、克孜勒苏柯尔克孜自治州及中高潜力区的部分开发条件较差的温泉。这些温泉的资源禀赋条件较低，有的离中心城镇较远，地处边远山区，交通不便，可进入性差；有的区域经济发展水平较低，基础设施条件差，开发潜力欠佳；有的温泉温度较低流量太小，不适合开发。这类温泉应针对实际情况，要谨慎开发或小规模开发，不宜盲目开发。

第四章　陕西地热资源及温泉旅游开发对策

第一节　陕西地热资源

一　地热资源形成的地质背景

陕西省位于中国西北部，东隔黄河与山西相望，西连甘肃、宁夏，北邻内蒙古，南连四川、重庆，东南与河南、湖北接壤，是新亚欧大陆桥和中国西北、西南、华北、华中之间的门户。陕西省地域狭长，地势南北高，中间低，同时地势由西向东倾斜。南北长约870km，东西宽200—500km。

从地貌类型看，陕西省从北到南有陕北高原、关中平原和秦巴山区三个地貌区。陕北高原是在中生代基岩所构成的古地形基础上，覆盖新生代红土和很厚的黄土层，再经过流水切割和土壤侵蚀而形成的，是黄土高原经过现代沟壑分割后留存下来的高原面。关中平原在陕北高原和秦岭山脉之间，西起宝鸡，东至潼关，地处华北地台西南部鄂尔多斯地块南缘。陕北高原和关中平原是我国陕甘黄土高原的重要组成部分，构造上是一个凹陷陆块形成的盆地，地貌上是一个具有岩石孤山的侵蚀沟谷发达的黄土丘陵、黄土高原以及渭河干支流冲积而成的平原，因此关中平原又称关中盆地。秦巴山区大部山体从海相岩层发育而来，以变质岩系和灰岩系为主，经强烈的带状褶皱、抬升和断裂运动，成为东西向褶皱带和起伏较大的岩质山地，形成"八山一水一分田"的地貌。秦巴山区是由秦岭和大巴山组合而成的宽大山地，构造上主要是由一系列东西向的强烈褶皱带组成，地貌上呈现一系列经强烈侵蚀剥蚀的中山，并夹有构造盆地。

二　陕西地热资源分布

地热资源的形成与分布主要由地质构造的特点及所处全球构造位置所决定，陕西省的地质构造在一定程度上决定了地热资源的存在形式，陕北高原、关中盆地和秦巴山区三个分区形成了不同类型的地热资源。

（一）陕北高原地热资源

陕北高原自中生代以来堆积了巨厚的陆相碎屑岩建造，岩层产状平缓，褶皱断裂不发育。现代地貌为沙漠高原和黄土高原，新构造形成的较大活动断裂不明显，在新生代地层中可见小断裂层发育，走向为近东西。由于断裂构造不发育，地下水深循环的通道不畅通，无法为地热资源的形成提供良好的条件。因此，陕北高原地热资源较少，主要分布在榆林市，以横沟温泉为代表。横沟温泉是 2004 年陕西省地矿局水文地质勘查大队对榆林市吴堡县横沟煤田进行勘查打钻时，钻到 700m 时意外发现的。横沟温泉是目前西至榆林市定边县，东至太原范围内独一无二的温泉，距离吴堡县 17km。温泉水温 34—37℃，水化学类型为 Cl-Na，pH 值为 7.8，矿化度为 11.71g/L[①]。温泉富含钙、钾、镁、钠等元素，对各种皮肤病、慢性风湿性疾病、妇科病、骨质增生等有较好的治疗效果。

（二）关中盆地地热资源

关中盆地是鄂尔多斯南缘的一个断陷盆地。关中盆地有很多断裂构造，这是形成地热资源非常有利的因素。关中盆地南隔秦岭北麓断裂与秦岭构造带相接，北以渭河盆地北缘断裂为界，是一个呈东西向的狭长断陷盆地。主要的控制性断裂有眉县—铁炉子断裂、渭河断裂、秦岭北麓断裂、华山山前断裂和渭河盆地北缘断裂等，这些断裂多为张性—压扭性断裂，是良好的导热断裂。断裂的发育既起到了沟通深部地下热源的作用，又为地下水的深循环提供了通道，这些断裂

---

①　刘兰兰、安栋：《横沟温泉文化旅游项目开发目标探析》，《科技情报开发与经济》2012 年第 17 期。

相互交错构成了一个导水导热的网络。因此，关中盆地的地热水多沿这些断裂呈带状分布（见图 4.1）。

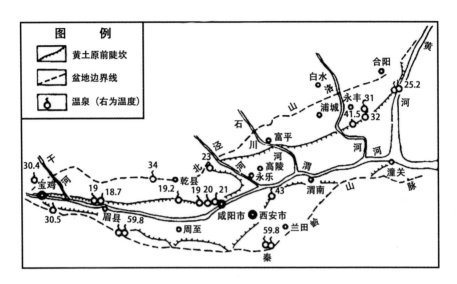

图 4.1　关中盆地温泉分布图

1. 秦岭山前构造裂隙型地热水

秦岭山前构造带在关中盆地南侧，是秦岭山脉北麓的山前地区，地貌属山前冲洪积扇，沿秦岭山前断裂呈条带状分布，是秦岭山前地热水主要储存和运移的通道。秦岭山前大断裂是构成盆地与山地的边界断裂，属活动性断裂，沿着断裂带构造裂隙节理及风化裂隙发育，为地热流体赋存提供了空间，在一些北西或北东向断裂与山前断裂的交汇部位形成地热水，沿近东西向断裂带出露。地热水温度较高，流量大小不等，多为 $Na \cdot Ca\text{-}SO_4$ 型水，矿化度普遍小于 $1g/L$[1]。沿秦岭山前构造裂隙分布的温泉有眉县西汤峪、蓝田东汤峪、宝鸡温水沟、临潼华清池温泉等。

2. 盆地中部新生界孔隙裂隙型地热水

盆地中部包括宝鸡凸起的东部、西安凹陷、临蓝凸起的西北部、

---

① 孙红丽：《关中盆地地热资源赋存特征及成因模式研究》，博士学位论文，中国地质大学（北京），2015 年。

固市凹陷、成礼凸起的南部和蒲城凸起的南部。新生界沉积厚度普遍
较大，尤其是凹陷地区，一般为 3000—5000m，最厚可达 7000m 以
上，多为河流相或河湖相沉积，岩性主要为砂岩、砂砾岩与泥岩互
层，孔隙裂隙发育，为地热流体提供了良好的贮存空间。热水含水岩
层的埋藏受基底构造的控制，不同部位差异很大，在基底隆起或凹陷
边缘的临潼—西安东郊及西安东南郊—长安—庞光一带埋藏较浅，在
基底凹陷的渭南、华县以北及西安城区—户县—周至一带埋藏较深。
地热资源多呈条带状和片状分布，面积较大。盆地中部孔隙裂隙型地
热水有张家坡地热水、蓝田灞河地热水、白鹿塬地热水、高陵地热
水等。

3. 渭北古生界岩溶溶隙裂隙型地热水

渭北岩溶区分布在关中盆地北，北接鄂尔多斯盆地，南接渭北黄
土台塬，构造上处于咸礼凸起和蒲城凸起的北部地区，由古生界碳酸
盐岩构成。区内近东西向断裂构造比较发育，北山山前断裂、乾县一
富平断裂及其次级断裂构成断裂系统。地热流体主要赋存空间是碳酸
盐岩岩溶及构造裂隙。渭北岩溶水水量丰富，水质优良，以裂隙、岩
溶水为主，地热水多沿北东向断裂带分布，温度较低，热水循环深度
不大，以重碳酸盐为主[1]。渭北溶隙裂隙型地热水有乾县龙岩寺温泉、
蒲城县永丰公社温泉、合阳县东王公社温泉等。

（三）秦巴山区地热资源

秦巴地区地热水的形成与分布主要受活动性的断裂构造和不同时
期侵入的岩浆岩所控制。区域性活动性断裂不仅是沟通深部地下热流
的通道，也是地热水储存与运移的主要空间，次一级的张性、张扭性
活动断裂构造则是地热水溢出地表的主要通道，不同时期的岩浆活动
是形成地热水的主要热源。秦巴地区的地热水分布于西部的新生代断
陷盆地与基岩山区相交接的区域性断裂带上。如分布于渭河断陷盆地
与秦岭山区交接的宝鸡—蓝田断裂带上的宝鸡温水沟温泉、眉县汤凤
泉和蓝田石门汤泉；分布于汉中断陷盆地与基岩山区交接的略阳—洋

---

① 覃兰丽：《关中盆地地下热水水化学特征及其形成机制研究》，硕士学位论文，长
安大学，2008 年。

县断裂带上的勉县杨家湾温泉、郭家湾温泉；分布于西乡断陷盆地与巴山山区交接的牟家坝—双门断裂带上三泉村温泉等①。秦巴地区的地热水属于中低温热水，水温达不到发电的要求，但可广泛用于医疗洗浴、农业育苗养殖、温泉旅游等。

三　陕西地热资源开发利用现状

陕西省从 2000 多年前就开始对地热资源进行开发利用，主要用于温泉洗浴。现在，随着技术水平的不断提高，地热水被广泛用于供暖、发电、种植养殖、温泉旅游等方面。

（一）地热供暖

陕西省地热资源非常丰富，《关中盆地地热资源评价》报告显示，关中盆地地热资源总热量达 2.67×10^{18} kcal，相当于 381 亿吨标准煤的热量②。在大力推进绿色低碳发展的形势下，地热供暖也成为陕西省地热资源开发利用最重要、最成熟的方式。截至 2013 年底，陕西省共有约 480 多眼地热水开采井，其中西安、咸阳及其周边地热井分布相对集中，有 290 眼地热井；渭南市有 160 多眼地热井；宝鸡市有 24 眼地热井③。截至 2016 年底，咸阳市地热供暖面积增加到 687 万 m^2，占市区供暖总面积的 40%，成为陕西省水热型地热应用效果最好的城市。2016 年西安市地热供暖面积增加到 620 万 m^2，占市区供暖总面积的 3.5%；渭南市地热供暖面积上升到 55 万 m^2，占市区供暖总面积的 18%③。

（二）地热发电

高温地热水和蒸汽可用于发电。陕西省地热资源基本属于中低温型和干热岩型地热资源，可采用的发电形式有双循环发电和干热岩发电两种。为大力发展清洁能源、应对气候变化，调整能源结构，根据"十三五"地热产业发展规划，陕西省提出在 2020 年以前地热发电装机容量新增 10MW。陕西地热发电虽然没有形成产业规模，但地热发

①　方东汉：《秦巴地区热矿泉的水文地质特征》，《陕西地质》1985 年第 1 期。
②　郭乃妮、陈卫卫：《关中盆地地热资源研究》，《中外能源》2018 年第 8 期。
③　邱根雷、张晓龙、吴凯：《陕西省地热资源开发利用现状与问题研究》，《中国非金属矿工业导刊》2018 年第 S1 期或总 132。

电潜力很大。

（三）地热种植养殖

地热资源在农业领域应用广泛。浅层地热水可以修建温室种植蔬菜、花卉、培育果树等。用地热尾水给土壤加温，使地温保持在20—25℃，即使冬天也能种植反季节蔬菜、花卉、瓜果等。如西安市沣东新城的农业博览园地热温室建筑面积达到3.2万 m²。地热也可用于养殖，在长安区东大镇已建成270多亩地热养殖场，利用地热水养殖罗非鱼、甲鱼等，成为地热养殖的示范项目。咸阳、西安、渭南等城市也在推动地热种植养殖向规模化、产业化方向发展。

（四）温泉旅游

温泉旅游是一种古老的休闲度假方式，在陕西省有着几千年的发展历史。陕西省温泉中大量的微量元素和矿物成分在疗养保健方面有独特的效果。华清池温泉是皇家御用温泉，温泉浴池的建设最初也是为皇家及统治阶层服务，皇宫贵族注重温泉的康体疗养功能。随着经济社会的发展，普通民众也开始享受温泉洗浴，陕西也在助力打造"温泉之都"。2006年，咸阳市成为目前我国唯一获得"中国地热城"称号的城市；2008年，西安市临潼区被命名为"中国御温泉之都"；2012年，蓝田县汤峪镇被授予"中国最美温泉小镇"。陕西省是旅游资源大省，依托地方特色，结合丰富的历史文化和生态旅游资源，创新温泉旅游产品开发，发挥其蕴藏的巨大经济潜力。

第二节　陕西温泉旅游业发展现状

一　陕西省名泉简介

陕西省内温泉和地热井500余处。据2019年中国温泉旅游产业发展国际论坛发布的数据，西北温泉企业共112家，陕西有73家，占西北地区温泉企业总数的65%。陕西省的名泉有享誉国内外的华清池温泉、华山御温泉、蓝田汤峪温泉、洽川处女泉、眉县汤峪温泉、咸阳海泉湾温泉等。

（一）华清池温泉

驰名中外的华清池温泉因帝王后妃、皇室宗族沐浴而闻名。温泉位于被封为"中国御温泉之都"的西安市临潼区，南依骊山，北临渭水。华清池温泉水温 43℃，属于中温温泉，涌水量为 113.6t/h。温泉中富含 47 种矿物质和微量元素，其中 SiO_2 含量为 44mg/L，氟含量 7.0mg/L，氡为 63.5eman/L，均达到医疗矿水的标准，有较高的医疗价值。水质无色透明，稍具硫化氢味，为低矿化度微碱性含放射性的氡水。公元 95 年，东汉著名的科学家张衡在沐浴温泉后，写道："温泉汨焉，以流秽兮。蠲除苛慝，服中正兮。熙哉帝哉，保性命兮。"这是最早记录华清池温泉的《温泉赋》。北魏时期，这个被誉为"集自然之经方，天地之元医"的温泉成为"千城万国之氓"疗疾的理想之所。"春寒赐浴华清池，温泉水滑洗凝脂"，就是诗人白居易对杨贵妃沐浴的写照。历史上先后有西周幽王、秦始皇、汉武帝、隋文帝、唐太宗、唐玄宗等 19 位帝王曾在温泉地修建行宫别苑，使温泉文化成为皇家文化的重要组成部分。据《本草纲目》记载：温泉主治风湿、筋骨挛缩及肌皮顽痹，手足不遂，无眉发、疥、癣诸疾等。华清池温泉度假村环境优美，建筑风格多样化、设计高雅，有关中风韵的中式庭院、江南风情的园中园、富含西方文化色彩的西式别墅区、临湖而立风景清幽的柳林园，每逢节假日都吸引着众多的游客前往。

（二）华山御温泉

华山御温泉位于国家 5A 级旅游名胜西岳华山脚下，北邻渭河，南依秦岭，距历史名城西安仅 90 千米。华山御温泉天然露头已消失，经地下打井 260 米涌出，出水口温度高达 105℃。华山地区温泉的单井自流量为 240m³/h，每天的出水量可以达到 5760 吨[①]。温泉中富含氟、溴、碘、锶、钡、锂、镭、偏硅酸、偏硼酸等多种微量元素和矿物质，对人体的心脑血管、神经系统、消化系统等都具有极高的保健理疗价值。华山御温泉度假村自然景观别致，游客可观赏名贵花草、假山瀑布、小桥流水、篱笆竹围的自然田园风光，温泉特殊的疗效和静谧的环境，可使游客达到保养身体、舒缓情绪的效果。

---

① 高鹏、杨海红：《试论华山地区温泉旅游开发的条件》，《山西师范大学学报》（自然科学版）2007 年第 2 期。

（三）蓝田汤峪温泉

蓝田汤峪温泉位于西安市以东 42km 的蓝田县汤峪镇。汤峪镇有5眼天然泉和2个热水井，平均水温 54℃，pH 值为 8.5—8.7。温泉富含硅、钾、钙、钠、氟、氯、溴、碘、铁、锰等20多种矿物质及微量元素，气体有游离态的 CO_2、H_2S，放射性气体氡含量为 6.2—9.0mg/L，对治疗关节炎、风湿病、皮肤病等多种疾病效果明显[①]。汤峪温泉历史悠久，始于汉朝，鼎盛于唐朝，是历代皇家沐浴之地，并在唐朝年间建有沐浴行宫"大兴汤院"。蓝田汤峪碧水湾阳光浴场是西北最大的露天泡汤温泉浴场，占地面积约 40000 平方米。浴场气势磅礴，共有一百多个形态各异的汤池分布在山林间、河畔。浴场环境幽雅宁静，素有"桃花三月温泉水，春风醉人不知归"的美誉。

（四）洽川处女泉

洽川处女泉地处陕西省合阳县洽川镇，处女泉又名"东鲤瀵"，是洽川七眼瀵泉之一，为七眼瀵泉之中的佼佼者。处女泉实际上是由大小泉眼组成的泉群。水温长年保持在 29—31℃，含有丰富的锶、铜、硒等微量元素，对人体健康非常有利。水清透彻，泉眼遍布泉中，出水量大，浮力也特别大，可谓入水不沉，泉涌沙动，如绸拂身，被誉为"沙浪浴"。冬季处女泉雾气浮空，绵延十里不绝，别有一番情趣。处女泉风景区周围的芦苇荡是全国唯一的湿地型旅游景区，被人称为"天下第一荡""天然氧舱"。温泉游客在沐浴温泉的同时可以领略黄河滩涂湿地的野趣。

（五）眉县汤峪温泉

眉县汤峪温泉又名"凤凰泉""西汤峪"，位于宝鸡市眉县太白山北麓的汤峪口，距西安 100km 左右，在太白山森林公园的入口处，又称太白山汤峪温泉。眉县汤峪温泉历史悠久，早在隋朝，隋文帝杨坚就曾在此建"凤泉宫"作为避暑洗浴之地，唐玄宗曾三临其地，赐名"凤泉汤"。眉县汤峪温泉现有大泉3处，日涌水量 400 多吨。水温常保持在 60℃ 左右，水中含有钾、钠、镁、铁、钙、碘等多种

---

① 张蓉珍、雷瑜、申建荣：《蓝田县汤峪温泉开发的影响因素分析》，《生态经济》2011 年第 2 期。

元素，因硫酸钠含量较多，故定名为"低矿化弱碱性硫酸钠型高温泉"。多年的医疗实践证明，眉县汤峪温泉具有促进人体组织代谢和杀菌的作用，对牛皮癣、慢性湿疹、神经性皮炎、慢性风湿关节炎、类风湿性关节炎、腰肌劳损、痒症等均有较好的疗效。汤峪温泉周边建有疗养院，每天可供数千人洗浴，百余人住宿。另外，还修建了太白楼、风泉汤院等，实为旅游疗养胜地。

（六）咸阳海泉湾温泉

咸阳海泉湾温泉位于咸阳市世纪大道中段的中国地热城，毗邻渭河大桥。温泉水中锶、碘、溴、氟、锂、氡、偏硅酸、偏硼酸、偏砷酸等有益成分极为丰富，已达到优质医疗热矿水的标准。2008年，香港中旅集团投资3.5亿元打造了集温泉、餐饮、住宿、演艺、健身娱乐、保健养生为一体的综合性温泉养生休闲度假中心。海泉湾温泉度假村以地中海风情、西班牙建筑风格展现精练古典的欧式庄重与典雅，营造了世界温泉文化的华彩氛围，让游客领略不同文化背景下的温泉沐浴风情。

二　陕西温泉旅游业 SWOT 分析

SWOT 分析是由哈佛大学教授安德鲁斯提出的。该方法提出分析所依赖的四个维度分别为优势、劣势、机遇与挑战，将这四个维度置于矩阵当中，进行综合对比分析，最终得出分析对象现状与趋势的结论，结论通常带有一定的决策性。这种方法的优势在于可以从多方面对分析对象进行考察，从而提高结论的参考价值[①]。

（一）优势（Strengths）

1. 温泉资源丰富

陕西省的断裂构造为温泉资源的形成创造了良好的条件，主要的深大断裂有秦岭山前断裂、北山山前断裂、宝鸡—渭南铲式断裂，这些断裂为地下水的循环提供了重要通道，也对地热田起到了导水作用。我国现有温泉 2700 余处，而陕西秦岭北麓就有 210 余处，温泉

---

① 宋继承、潘建伟：《企业战略决策中 SWOT 模型的不足与改进》，《中南财经政法大学学报》2010 年第 1 期。

资源遍布陕西省各地。陕西目前营业的温泉企业有 72 个，占西北地区温泉企业数量的 65%。

2. 温泉医疗价值高

陕西温泉品质多样，温泉中含有钾、镁、铁、钙、碘、锶、铜、硒等几十种对人体有益的化学元素和矿物质，长期沐浴能促进新陈代谢，增强生理机能和杀菌作用，对皮肤病、关节炎、神经性骨痛、消化道、风湿病、肌肉痛等疾病有一定疗效，还能起到舒筋活络、润肤养颜、安神和抗衰老等保健作用。

3. 开发历史悠久

陕西厚重的历史文化孕育出了璀璨的温泉文化，陕西被公认为世界温泉文化的发祥地之一。据《临潼县志》记载，2800 年前骊山温泉就被发现，西周时期修建"骊宫"，西汉武帝时扩建为"离宫"。东汉张衡在阳春三月洗浴温泉后写下了著名的《温泉赋》，赞美温泉"天地之德，莫若生兮。帝育蒸民，资厥成兮。六气淫错，有疾疠兮。温泉汨焉，以流秽兮。蠲除苛慝，服中正兮。熙哉帝载，得性命兮"① 的功德。北魏元苌在《温泉颂》碑文赞颂道：温泉"乃自然之经方，天地之元医，出于渭河之南，泄于骊山之下。千城万国之氓，怀疾沉疴之客，莫不宿粮而来宾，疗苦于斯水"。唐朝更是将温泉沐浴推向顶峰，负有盛名的"三大汤"即临潼骊山汤、蓝田石门汤和宝鸡凤仙汤都在关中地区，陕西温泉悠久的开发历史向世界彰显着厚重的温泉文化。

4. 周边自然资源和人文资源丰富

陕西省旅游资源丰富，温泉地周边自然风光优美，人文底蕴深厚。华清池温泉南依骊山，北临渭水，周边有国家 5A 级旅游景区秦始皇陵兵马俑。洽川处女泉处于中国最大的芦苇湿地之中。眉县汤峪温泉置身太白山国家森林公园之中，山环水绕，古木葱郁，景色如画。蓝田汤峪碧水湾温泉周边有风光秀丽的辋川，蓝田猿人遗址，蓝田蔡文姬墓，王顺山国家森林公园等旅游景点。咸阳海泉湾温泉周边

---

① 章沧授：《骊山温泉美天下——张衡〈温泉赋〉赏析》，《古典文学知识》2004 年第 3 期。

有乾陵、茂陵、昭陵、袁家村、杨贵妃墓、汉阳陵博物馆、霍去病墓等大量的人文景观旅游资源，还有沙河古桥风情园、西北农林科技大学博览园等现代自然景观。华山御温泉位于中国名山华山脚下，华山脚下有陕西故宫——西岳庙等景点。陕北横沟温泉周边有沙漠绿洲红碱淖湖区、白云山道观等。陕南温泉周边有金丝大峡谷、黎平国家森林公园、南宫山国家级森林公园、牛背脊国家森林公园等风景名胜。温泉与旅游资源的组合，既提升了温泉文化的内涵，也增强了温泉旅游的魅力。

（二）劣势（Weaknesses）

1. 温泉同质化现象严重

集休闲度假与康体养生的温泉旅游越来越受到人们的青睐，温泉资源丰富的陕西省也掀起了建设温泉度假地的热潮。目前陕西省已有近百个温泉旅游景区在开发经营，但是很多景区缺乏地方特色，更没有把文化内涵融入温泉旅游中。陕西省有着悠久的历史文化，温泉与帝王有着深厚的渊源，但很多温泉旅游地没有很好地将温泉与自然风光、皇家文化、关中文化、黄土文化相融合，没有形成独特的温泉文化品牌，导致温泉旅游地主题雷同，产品同质化现象严重。

2. 旅游环境保护意识较弱

在温泉开发方面，有的温泉旅游地规划层次低，污水废水排放体系不健全，尾水乱排对周边的环境造成了污染。有的温泉在节假日客流量激增的时段，温泉浴池的水更换次数少，水质较差，影响了游客的泡浴环境。有的温泉企业盲目追求效益而大量取水，导致温泉资源的过度开发，引起地下水位下降，导致温泉中的矿物质和微量元素含量下降，医疗保健效果也逐渐下降。温泉资源是温泉旅游的核心，如果不注重温泉资源的保护，将会导致温泉资源品质的下降甚至资源的枯竭。

3. 管理混乱

2015年陕西省温泉旅游协会成立，对温泉资源管理得较为规范，也协助温泉旅游企业打造陕西温泉旅游新形象，但是在温泉旅游开发中还存在管理混乱的现象。温泉度假村周边饭店、商场等存在执法行为不文明、乱收费、"宰客"等现象，这严重影响了陕西温泉旅游形象。有的温泉旅游区擅自在温泉中添加自来水，以次充好，或者将温泉水重复循环利用。消费者了解到内情后就会对温泉产生不满情绪，进而造成回头客数量的减少，不利于陕西省温泉旅游业的长期发展。

（三）机遇（Opportunities）

1. 国家重视休闲旅游

近年来国家出台多项政策文件支持旅游产业发展，如 2013 年出台的《国民旅游休闲纲要（2013—2020 年）》，重点提倡绿色旅游休闲理念、保障国民旅游休闲时间、鼓励国民旅游休闲消费、丰富国民旅游休闲产品、提升国民旅游休闲品质五大亮点。温泉旅游作为集养生、休闲、度假于一体的旅游方式，契合了人们养生保健、娱乐放松、休闲度假等多种需求，具有极大的发展潜力。

2. "一带一路"的发展机遇

陕西省积极抓住"一带一路"发展机遇，主动融入国家的"一带一路"发展战略，与沿线温泉旅游地互利共赢，推动温泉产业经济深度合作交流。陕西省以创建全域旅游示范省为抓手，以旅游融合发展为路径，将温泉旅游融入丝绸之路起点旅游走廊、秦岭人文生态旅游度假圈，推动陕西温泉旅游的深度融合发展。

（四）挑战（Threats）

1. 市场竞争日益激烈

提起温泉旅游，人们会想到广东的御温泉、云南腾冲温泉、辽宁鞍山汤岗子温泉、北京小汤山温泉，还有台湾岛众多的温泉旅游胜地。陕西省虽然温泉品质好，开发历史悠久，但温泉的开发是一种高投入的项目，在一些经济发达地区，温泉开发采取大手笔、大投入的开发策略，对陕西省的温泉旅游开发带来了一定的压力。

2. 温泉旅游产业链不完整

陕西温泉旅游还没有形成产业化和规模化。由于温泉旅游季节性的特点，单独开发有难度，造成很多温泉旅游景区在淡季门可罗雀，在旺季拥挤不堪。温泉旅游产业链中涉及食、住、行、游、购、娱等必备要素，还有交通、通信等行业协同调动，各个产业相互依托形成完善的产业链。陕西温泉旅游产业链还不完整，与其他景区景点整体对经济的前拉后带作用不明显。

三　陕西省温泉旅游功能区划分

《陕西省温泉旅游提升规划（2011—2020 年）》提出构建陕西省温泉旅游产业"一带支撑、一核驱动、四足鼎立"的战略布局，如表 4.1 所示。采取逐层递进的方式重点打造五大旅游区（临潼骊山温泉旅游区、咸阳地热旅游区、长安温泉休闲旅游区、蓝田东汤峪旅游区、眉县西汤峪旅游区）、六大主题公园（华山御温泉、楼观台道温泉、法门寺禅温泉、药王山药王仙泉、勉县月亮湾温泉和吴堡横沟温泉）。根据战略布局，划定陕西温泉旅游功能区，为陕西温泉旅游开发提供有益的借鉴。

表 4.1　　　　　　　　　　陕西省温泉旅游功能区

颜色	温泉旅游区	旅游区位	温泉群
蓝	一带支撑区	秦岭国家自然保护区	太白山温泉区 华山御温泉区 南山温泉区
红	一核驱动区	关中平原中部西安旅游区	咸阳温泉区 华清池温泉区
紫	渭南温泉旅游区	关中平原东部旅游区	蒲城温泉区 合阳洽川温泉区 大荔、富平温泉区
黄	宝鸡温泉旅游区	关中平原西部旅游区	太白山温泉区 凤翔温泉区 扶风温泉区
绿	汉中温泉旅游区	汉中盆地旅游区	勉县温泉区
褐	榆林温泉旅游区	黄土高原和毛乌素沙地旅游区	横沟温泉区 榆林温泉区

资料来源：资料来源于陕西省旅游规划院。

（一）一带支撑

"一带支撑"指的是以秦岭温泉带为支撑。秦岭温泉带被称作"中国最美的蓝飘带"，利用好这个飘带，对陕西经济发展的提振作用将是明显的。首先，秦岭温泉带与生态旅游旅游结合，带动周边经济发展。秦岭被尊为华夏文明的龙脉，狭义上的秦岭，仅限于陕西省南部、渭河与汉江之间的山地，东以灞河与丹江河谷为界，西止于嘉陵江，横穿陕西中部，主峰太白山、华山、终南山。秦岭是大自然的宝库，拥有大熊猫、金丝猴、羚牛、朱鹮等珍稀动物以及多种珍稀植物，利用好秦岭生态资源，可使温泉旅游吸引更多的游客。其次，秦岭温泉带与周边农村经济发展相结合。秦岭温泉带应抓住国家"乡村振兴"大战略指引，转变温泉开发模式，让更多的人受益，从而更好地带动陕西旅游经济的发展。通过温泉沐浴文化产业带动城乡发展，进而带动生态旅游、乡村旅游、养老旅游同步发展，实现农业产业结构的调整，农村经济的转型，增加农民收入。

（二）一核驱动

"一核驱动"是指以大西安温泉旅游圈为核心。以大西安为核心的城市文化圈，要大力打造餐饮、购物、娱乐、住宿等配套设施建设，让游客不仅局限于泡浴温泉，而是深度体验温泉旅游区的特色活动，体现大西安温泉旅游圈内的现代城市化以及高科技带给人们生活的便捷。

（三）四足鼎立

"四足鼎立"指的是渭南、宝鸡、汉中、榆林四大温泉旅游圈共同加力。渭南温泉旅游圈以西岳华山为核心，构筑大华山温泉旅游圈；宝鸡温泉旅游圈以丝路起点为契机，打造都市温泉休闲旅游；汉中温泉旅游圈围绕秦巴生态旅游，打造温泉与生态旅游的融合发展；榆林温泉旅游圈构建以大陕北为主题的旅游，将温泉与红色旅游融合发展。四大温泉旅游圈应设计特色温泉旅游产品，吸引周边地区游客，提升影响力。

第三节　陕西温泉游客体验行为

本书通过问卷调查法分析温泉游客的人口统计学、出游动机、偏好、满意度等出游行为特征，并对陕西省的温泉游客市场进行细分。2016 年 5 月和 10 月在陕西省具有代表性的蓝田汤峪温泉小镇、咸阳海泉湾温泉和华山御温泉进行调研，共发放问卷 420 份，三个温泉旅游地各发放 140 份，回收问卷 392 份，删除填答不完整及真实性较低的问卷，最终得到有效问卷 357 份，有效问卷率为 85%。

一　温泉游客出游特征

（一）人口统计学特征

对温泉游客的人口统计学特征从性别、年龄分布、受教育程度、职业分布、月均收入、家庭结构六个方面进行分析（见图 4.2）。

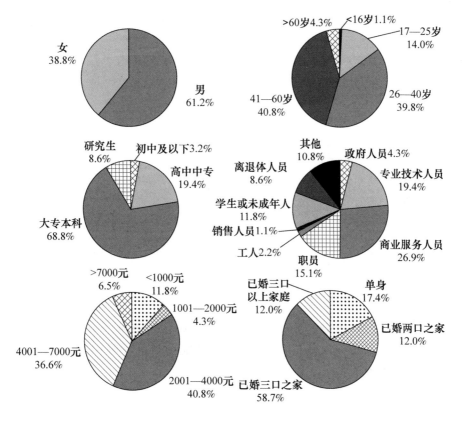

图 4.2　温泉游客人口统计学特征

在性别方面，受访者中男性多于女性，男性占比 61.2%，女性占比 38.8%。

在年龄分布方面，受访者中26—40岁及41—60岁人群数量较多，占比分别为35.9%和36.9%。16岁以下及61岁以上人群数量较少，占比分别为1.0%和3.9%。由上述统计结果可以发现，中青年人群是温泉旅游的主力军，这种现象一方面源于该类人群工作生活压力较大，需要放松减压；另一方面也源于该类人群有较为稳定的收入。

在受教育程度方面，受访者中本科/大专学历人群数量最多，占比达62.1%，之后分别是高中/中专、研究生、初中及以下，占比分别为17.5%、7.8%、2.9%。由上述统计结果可以发现，参与温泉旅游的人群大多具有大专或本科学历，这表明温泉旅游日益受到具有较高学历人群的青睐。

在职业分布方面，受访者中商务人员数量最多，占比达24.3%。接下来是专业技术人员、职员、学生和未成年人数量也较为可观，占比分别为17.5%、13.6%、10.7%。从上述统计结果可以发现，温泉游客中商务人员较多，说明温泉酒店是吸引商务会务人员的一大招牌。

在月均收入方面，大多数受访者的月平均收入集中在2001—4000元和4001—7000元这两个区间，占比分别为36.9%和33.0%，月平均收入小于1000元的占比10.7%，1001—2000元的占比3.9%，大于7000元的占比5.8%。这表明温泉消费者属于中高收入群体。

从家庭结构来看，受访者中超过半数为三口之家，占比达52.4%；之后依次为单身，占比15.5%；两口之家和三口以上家庭，占比均为10.7%。由上述统计结果可以发现，家庭出游是温泉旅游的主要形式。

通过以上分析可知，赴陕西省温泉旅游地的游客总体特征为男性较多、年龄以中青年为主、具有较高学历和中高收入的人群，商务人员较多，以家庭集体出游为主要特征。

（二）温泉游客行为特征

对温泉游客的旅游行为特征从了解温泉途径、出行交通工具、旅游次数、旅游天数、旅游花费、住宿地选择六个方面进行分析（见图4.3）。

从了解温泉途径看，受访者中通过亲戚朋友的推荐了解温泉的占比达到了55.3%，通过互联网了解的占13.6%，通过旅游宣传材料了解的占11.7%，接下来依次是影视广播、报纸杂志和旅行社。对于温泉旅游而言，口碑的传播对于后续客流量的稳定提升起着至关重要的作用。

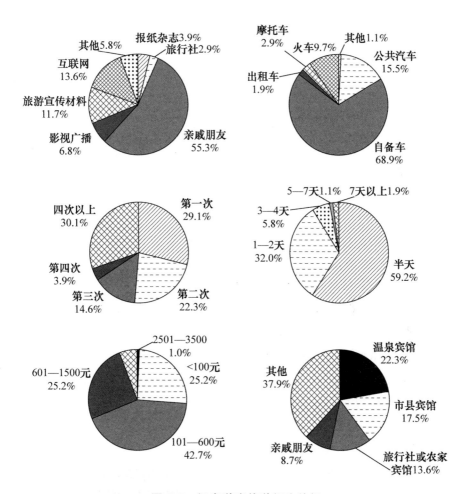

图 4.3　温泉游客旅游行为特征

从出行交通工具看，自驾出游高达 68.9%，坐公共汽车占 15.5%，坐火车占 9.7%，骑摩托车占 2.9%，坐出租车占 1.9%。由上述统计结果可以发现，自驾游是最主要的温泉旅游方式，坐公共汽车和火车的游客达到 1/4，说明交通基础设施的完善程度对温泉旅游有重要影响。

从旅游次数看，受访者旅游次数分布呈现"两头高，中间低"的特点，第一、二、三、四次旅游的占比依次降低，分别为 29.1%、22.3%、14.6%、3.9%，四次以上的占比又达到 30.1%，这表明温泉旅游的回头客较多。

从旅游天数看，大多数受访者选择一天半，即当天去当天回的旅行模式，占比达 59.2%，在温泉旅游地待 1—2 天的占比 32%，待 3 天及以上的较少。由上述分析可以发现，由于现代生活节奏的加快，消费者大多选择周末前往离家较近的温泉旅游地。但从温泉保健角度看，停留时间较短起不到疗养保健的作用。

从旅游花费看，受访者中花费在 100 元和 601—1500 元的均占 25%，花费在 101—600 元的占比达 42.7%，1500 元以上的占比仅为 7%，温泉游客花费较少的主要原因是在温泉旅游地停留时间短，进而限制了他们的消费能力。

从住宿地选择情况看，受访者中选择温泉宾馆、市县宾馆、旅行社或农家宾馆作为住宿地的人数较为接近，占比分别为 22.3%、17.5%、13.6%。这表明受访者对住宿地的选择并无明显偏好。"其他"选项占比超过 50%，这是因为大多数受访者属于一天游不住宿。

二 温泉游客出游偏好分析

为了了解温泉游客出游的主要原因，对陕西省温泉游客的旅游动机进行了分析（见图 4.4）。

（一）旅游动机

受访者中通过温泉旅游达到休息放松目的人数最多，占比达 41.7%，体验温泉泡浴的人数占 22.3%，以保健疗养为目的的人数占 18.4%，寻求乐趣和体验不一样生活的分别占 6.8%。由上述分析发现，大部分游客想通过温泉旅游达到减压放松、舒缓身心、保健疗养的目的，因此温泉旅游地周边的环境、温泉水质的保健功能等对游客的影响较大。

（二）温泉游客偏好的因子分析

本书采用因子分析法对被调查者的偏好进行分析，从温泉资源、设施与活动、管理与服务三方面共 18 个因子进行评价。首先，对所选指标进行 KMO 检验及巴特利特球型检验。由表 4.2 可知，KMO 统

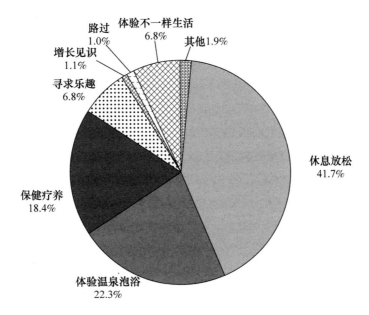

图4.4　被调查者出游动机

计量为0.798，大于经验值0.7，表明所选指标适合因子分析。巴特利特球型检验卡方值为833.358，在自由度为153时达到了显著，表明所选指标构成的相关矩阵存在可供提取的公因子，即适合进行因子分析。

表4.2　　　　　　　　KMO检验及巴特利特球型检验

KMO检验		0.798
巴特利特球型检验	近似卡方	833.358
	自由度	153
	显著性	0.000

其次，依据主成分分析法提取公因子，根据特征根大于1的标准提取4个公因子，累计方差贡献率为62.199%，表明原始信息损失较少。然后对因子进行旋转，旋转后提取公因子，如表4.3所示。

表4.3　　　　　　　　　游客偏好因子旋转分析

指标名称	因子 1 系数	因子 2 系数	因子 3 系数	因子 4 系数
水质	0.737		0.116	0.196
气候环境	0.723	0.164		
卫生环境	0.721	−0.183		0.358
文化氛围	0.635	0.292	0.232	0.107
周边景点开发	0.588	0.460		
居民态度	0.562		0.518	0.201
保健设施安全性	0.540	0.244		0.522
娱乐丰富性		0.724	0.206	0.286
购物品多样性		0.710	0.317	
保健多样性	0.219	0.672		0.291
景点宣传	0.448	0.569	0.364	
解说教育	0.444	0.490	0.423	
住宿价格		0.187	0.847	
洗浴价格		0.223	0.775	0.223
服务质量	0.417		0.563	0.275
住宿舒适性		0.108	0.190	0.793
餐饮特色	0.211	0.172	0.163	0.692
交通便捷性	0.491	0.215	−0.125	0.521

　　由表4.3结果可以发现，第一个因子在水质、气候环境、卫生环境、文化氛围、周围景点开发、居民态度和保健设施安全性7个指标上有较大载荷，故命名为环境因子；第二个因子在娱乐丰富性、购物品多样性、保健多样性、景点宣传和解说教育五个指标上具有较大载荷，故命名为多样性因子；第三个因子在住宿价格、洗浴价格和服务质量三个指标上具有较大载荷，故命名为性价比因子；第四个因子在住宿舒适性、餐饮特色和交通便捷性三个指标上具有较大载荷，故命名为舒适性因子。

（三）基于偏好因子的温泉游客聚类分析

　　对上述利用主成分分析法得到的4个公因子进行快速聚类分析，

初始聚类中心、最大迭代次数及收敛标准均按照 SPSS24 软件默认情况进行选择，以避免由人为选择可能造成的系统性偏差和聚类结构的不稳定。通过聚类分析将样本分为两类（见表 4.4），第一类在环境因子和舒适性因子的系数为正，命名为享受体验型；第二类在多样性因子和性价比因子的系数为正，命名为游乐型。

表 4.4　　　　　　　　基于游客偏好的温泉游客聚类分析

因子名称	享受体验型	游乐型
环境因子	0.67776	− 0.77660
多样性因子	− 0.14963	0.17145
性价比因子	− 0.03704	0.04244
舒适性因子	0.46405	− 0.53173

（四）温泉游客偏好类型的差异比较

样本总量为 357 人，其中偏好享受体验型占样本总量的 53.4%，偏好游乐型的占样本总量的 46.6%，享受体验型和游乐型基本各占一半。对不同偏好类型游客的人口统计学和出游特征的差异进行比较，发现两类游客在职业、出行次数、旅行经历评价三方面均存在显著差异（见表 4.5）。

表 4.5　　　　　　　不同类型温泉游客旅游特征差异分析

指标	享受体验型	游乐型	F 值	Sig.
性别	1.49	1.27	5.399	0.022
年龄	3.33	3.33	0.000	1.000
受教育程度	2.86	2.79	0.354	0.553
职业	5.53	3.71	9.417	0.003*
收入	3.43	2.95	4.988	0.028
家庭结构	2.86	2.40	6.070	0.016
了解途径	4.02	3.63	1.817	0.181
同行者	2.02	2.40	3.909	0.051

续表

指标	享受体验型	游乐型	F 值	Sig.
交通工具	2.27	2.23	0.038	0.846
出行次数	3.36	2.23	14.165	0.000*
旅游天数	1.47	1.63	0.896	0.346
旅行花费	2.13	2.17	0.049	0.826
住宿地	3.91	3.44	1.302	0.257
旅行经历评价	2.51	2.92	9.906	0.002*
重游	2.31	2.69	6.613	0.012
推荐	2.31	2.69	6.385	0.013

　　享受体验性游客与游乐型游客的差异表现在以下八个方面。一是性别比例不同，偏好享受体验的游客男女分布较为均匀，而偏好游乐的游客呈现出明显的男多女少的特点，一般男性游客更喜欢惊险刺激的游乐设施，而女性更注重出游的品质，讲究轻松舒适性。二是职业分布不同，偏好享受体验的游客主要从事商务领域，而偏好游乐的游客中，除商务人员外，专业技术人员比例也比较高，专业技术人员对陌生事物的好奇心强，也容易接受新鲜事物并能很快融入温泉旅游中。三是收入不同，偏好享受体验的游客收入主要在 2001—4000 元以及 4001—6000 元，而偏好游乐的游客收入相对集中于 2001—4000元区间内。这表明收入较高的游客对温泉旅游地的偏好不仅仅注重温泉资源，更看重当地环境、服务质量及深度体验方面。四是家庭结构不同，偏好享受体验的游客主要为三口之家，而偏好游乐的游客除三口之家以外，还包括未育有子女的两口之家。这反映了在家庭建立之初，受经济条件约束，游客对温泉地享受型服务项目的花费较少。五是同行者不同，偏好享受体验的游客更倾向于和家人或朋友一起出行，而偏好游乐的游客则喜欢与家人或同事一起出行，这可能与单位组织出游有关。六是旅行次数不同，偏好享受体验的游客大多数到温泉旅游地超过四次，而偏好游乐的游客旅游次数普遍较少，大多不超过两次。这反映出偏好享受体验的游客深度参与温泉旅游，享受温泉旅游带来的舒适感，回头客较多。七是旅游花费不同，而偏好享受体

验的游客单次温泉旅游的花费主要集中于 600—1500 元，偏好游乐的游客半数被访者单次温泉旅游的花费控制在 600 元以内。八是旅行经历评价方面，偏好享受体验型游客对温泉旅游评价为 2.51 分，偏好游乐型游客的评价为 2.92 分（满分为 5 分），表明偏好享受体验的游客对温泉旅游地要求较高，评价相对较低，而偏好游乐的游客对旅游经历评价较高。

三 温泉游客满意度分析

为分析被访者的满意度，采用配对样本 T 检验法，对温泉旅游各指标的重视程度（I）与游后满意度（P）之间是否存在显著差异进行检验，分析结果如表 4.6 所示。

表 4.6 温泉游客重视程度与满意度比较

指标	I 均值	P 均值	I-P	t 值	Sig（2-tailed）
水质	4.24	3.24	1.00	10.572	0.000
卫生环境	4.42	3.08	1.34	13.269	0.000
文化氛围	3.81	3.12	0.69	7.364	0.000
气候环境	3.80	3.14	0.66	7.013	0.000
周边景点	3.50	2.98	0.52	5.085	0.000
餐饮特色	3.59	3.28	0.31	3.515	0.001
住宿舒适性	3.66	3.29	0.37	3.820	0.000
交通便捷性	3.80	3.10	0.70	6.970	0.000
保健多样性	3.39	3.12	0.27	2.754	0.007
保健设施安全性	3.82	3.27	0.54	5.276	0.000
娱乐丰富性	2.99	3.07	−0.08	−0.807	0.422
购物品多样性	2.90	2.97	−0.07	−0.635	0.527
洗浴价格	3.50	3.17	0.32	3.617	0.000
住宿价格	3.62	3.08	0.54	5.956	0.000
服务质量	3.90	3.54	0.36	1.100	0.274
解说教育	3.18	2.99	0.19	1.694	0.093
景点宣传	3.17	2.93	0.23	2.360	0.020
居民态度	3.71	3.17	0.53	5.227	0.000

由分析可知，被访者除对温泉旅游地娱乐产品丰富性和购物品多样性的满意度高于重视程度外，对其他所有指标满意度均低于重视程度，表明陕西省温泉旅游业在迎合消费者需求方面还有较大的发展空间。在被调查的所有指标中，水质和卫生环境的重视程度与满意度的差值是最大的，均超过1，说明陕西省温泉旅游的水质和卫生环境未达到消费者预期。而众所周知，水质和卫生环境是温泉旅游业的立身之本，因此温泉旅游地要对这一现象重视。

（一）IPA 分析

采用修正的 IPA 法对温泉游客的满意度进行分析，通过在 IPA 矩阵中加入一条倾斜的 45 度线，可以清晰看出各因子的重要性和满意度排序，使分析结果更精确，也便于对资源进行优化配置[1]。以重视程度（I）为纵轴，满意度（P）为横轴，重视程度均值 3.61、满意度均值 3.14 为交点，可以将二维平面分为四个区域。在横纵轴之交点上画出一条 45 度斜线，落在斜线上的点可视为游客的期望与实际表现一致，落在 45 度线右面的点代表实际表现大于期望值，游客满意；落在 45 度线左面的点代表实际表现小于期望值，游客不满意。这样就将图分为四部分，45 度线左面为集中关注区，45 度线右面分为三个区，右上角部分为继续保持区，第四象限为过度努力区，左下角部分为低优先区。18 个指标的重视程度和满意度的定位如图 4.5 所示。

继续保持区。落在该区域内的指标有住宿舒适性（1）和服务质量（2），由于这两项指标的满意度均高于重视程度，且满意度和重视程度均高于均值，因此这两项指标处于继续保持区，这表明陕西省温泉旅游业配套的住宿条件和服务质量能够较好地满足游客的需求，因此可将其视为优势领域，努力保持其竞争力。

过度努力区。该区域内的指标有餐饮特色（3）、洗浴价格（4），这两项指标的满意度均高于均值，但重视程度均低于均值，因此将其置于过度努力区，这表明温泉游客并没有过度地关注温泉旅游地的餐饮质量和洗浴价格，温泉游客的主要目的是泡浴温泉、休闲放松，对

---

① 温煜华：《基于修正 IPA 方法的温泉游客满意度研究——以甘肃温泉旅游景区为例》，《干旱区资源与环境》2018 年第 5 期。

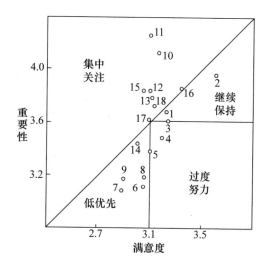

图4.5　陕西省温泉旅游地 IPA 分析

餐饮质量要求不高。他们的收入水平属于中高档次，不太在意温泉泡浴的价格。而实际情况是温泉旅游地的特色餐饮和适中的洗浴价格让他们较满意。

　　低优先区。该区域内的指标有保健多样性（5）、娱乐丰富性（6）、购物品多样性（7）、解说教育（8）、景点宣传（9）、周边景点（14），这六项指标的重视程度与满意度均低于均值，故将其置于低优先区，表明这些指标对于温泉游客而言优先等级较低。究其原因，是由于大多数游客将温泉旅游当作放松身心、缓解压力的手段，没有奢望通过短时间的泡浴达到康体保健的目的。丰富的娱乐设施、种类多样的购物品、周边景点的丰富性并不是他们获得温泉旅游满意体验的重要标准。解说教育和景点宣传对温泉游客来说也不太重要，他们更愿意相信口碑相传。温泉管理者对这六个方面有余力时可以兼顾，但目前不适合投入大量的人力物力。

　　集中关注区。该区域内的指标有水质（10）、卫生环境（11）、文化氛围（12）、气候环境（13）、交通便捷性（15）、保健疗养设施的安全性（16）、住宿价格（17）、居民态度（18），这八项指标的满意度均低于重要程度，表明温泉游客对这八项指标不满意，因此将其置于集中关注区。这八项指标进一步可归为三类：水质环境（水质、卫生环境）、旅游环境（文化氛围、气候环境、居民态度）和旅游的舒适性（交通便捷性、保健设施的安全型、住宿价格）。水质环境直接影响游客的体验，如果水质不过关，或卫生环境条件较差，对游客的身体都会造成危害，更何谈保健疗养。在旅游环境方面，气候环境是客观的，温泉地还应深入挖掘文化元素，提升文化氛围。在温泉开发中，让周边居民深度参与温泉旅游开发中并得到合理的利益分配，他们才会对游客保持友好态度。在旅游的舒适性方面，管理者要完善温泉所在地的交通基础设施建设，保障游客进出温泉地的便利性；监管温泉保健设施的安全性，对温泉洗浴和温泉宾馆的价格采取捆绑优惠价格，通过以上措施来提高游客的舒适性和满意度。

　　（二）游后意愿分析

　　所谓游后意愿，就是指游客在某一旅游地实地旅游后，脑海中形成对于旅游地的主观评价，最终产生的一种关于旅游地的心理倾向和愿望。在调查问卷第四部分设置了游客游后意愿的评价问题，分别为旅游总体评价、重游意愿以及向周边亲友推荐该旅游地的意愿，分析结果如图 4.6 所示。

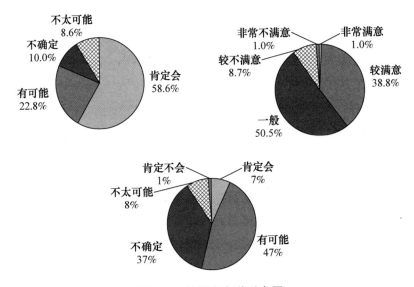

图 4.6　被调查者游后意愿

在旅游总体评价方面，受访者中半数给出了"一般"的评价，"较满意"的评价占比为38.8%，"较不满意"的评价占比为8.7%，而"非常满意"和"非常不满意"各占1%，由上述分析可知，被访者对于陕西温泉旅游的总体评价是满意的。

在重游意愿方面，出现频率最高的回答是"有可能"和"不确定"，占比分别为40.5%和35.9%，"不大可能"的占比为7.8%，"肯定会"的占比为5.8%，"肯定不会"的占比为1%。由上述分析可知，被访者对重游意愿的看法总体上是模棱两可的，这与温泉旅游旅游地不能很好地迎合消费者需求是有关的。

在旅游地推荐方面，回答数量最多的是"有可能"，占比达47.6%，"不确定"的占比为36.9%，"不大可能"的占比为7.8%，"肯定会"的占比为6.8%，"肯定不会"的占比为1%。由上述分析可知，被访者对于温泉旅游地推荐意愿与重游意愿类似，并没有明显的倾向，这表明陕西省温泉旅游业很难有效地通过口碑相传来扩大客流量。

通过对温泉游客的游后意愿分析可知，由于陕西省温泉旅游业在许多方面尚未完全达到旅游者的心理预期，因此游客对温泉旅游地的游后意愿并没有表现出十分明显的倾向，多是一种中立的、较为模糊的态度。这一方面表明温泉旅游并没有给游客留下过于深刻的印象；另一方面也表明大多数游客还处于一种犹豫、观望的状态，只要经营者能够根据游客的偏好及时进行调整，未来的发展前景依然乐观。

第四节　陕西温泉旅游开发对策

通过对陕西省温泉游客的动机、出游偏好、满意度进行统计分析，探究影响温泉游客行为的因素，结合目前温泉旅游开发情况，提出适合陕西省温泉旅游的发展模式，分别为温泉小镇模式、"泛温泉产业"模式和御温泉模式，并提出了具体的开发对策。

一　温泉旅游开发模式

（一）温泉小镇模式

温泉小镇作为继温泉度假村、温泉主题公园、温泉酒店和温泉城之后的新型开发模式，是温泉产业发展中最成功的产业集群发展模式。目前，欧洲约有 200 多个温泉小镇，在号称"温泉王国"的日本温泉小镇（温泉町或温泉乡）也遍布各地。温泉小镇是以温泉资源为依托，形成温泉产业的集群开发模式。它是温泉文化孕育、发展、繁荣和传承的主要载体，也是最具生命力的一种区域发展模式。

陕西城市郊区的温泉可以开发成温泉小镇模式。温泉小镇的主体是温泉产业，以温泉健康产业为主导，可以建设多元化的健康医疗机构；也可以通过温泉衍生产品的研发，充分利用富含矿物质的温泉生产饮用水，研制化妆品、药品等产品。温泉小镇在景观上要重点突出温泉水的映像，注重浪漫、温馨、休闲氛围的营造。温泉街区要突出温泉文化标志物如温泉广场等，形成丰富多彩的魅力场景。齐全的产业配套如餐饮、住宿、游乐等综合设施也是温泉小镇的基础支撑条件。温泉小镇最大的特点是温泉产业发展与小城镇建设互为一体，一方面，借助温泉资源使产业结构和城镇空间形成互动发展态势；另一方面，通过挖掘小镇的资源和文化潜力，使得小镇产业向高端化、品牌化转型升级。

（二）"泛温泉产业"模式

所谓泛温泉产业是指温泉产业与文旅、康养、娱乐、养老、农业等产业深度融合，形成以温泉为主题的综合开发模式。泛温泉产业包括"温泉＋景区""温泉＋康复疗养""温泉＋会议休闲""温泉＋生态农庄""温泉＋运动游乐""温泉＋旅游地产"等模式。跳出温泉而做温泉，用温泉去整合其他产业，是未来陕西省温泉旅游的重要开发模式，也是温泉资源整合的最佳途径。

1."温泉＋景区"模式

陕西秦岭地区不但温泉资源品质好，而且周边自然环境优美、山峦险峻、风景秀丽，还分布着众多的人文景观，可开发"温泉＋景区"模式，将温泉资源与周边自然人文旅游资源共同开发，形成整体协调的大旅游区，将温泉旅游纳入地区旅游发展规划中，完善温泉旅游产业，实现整合营销，推动区域协调发展。

2. "温泉+康复疗养"模式

温泉的核心价值是休闲养生，随着亚健康群体的增加，人们越来越重视康体保健。陕西省温泉医疗价值较高的温泉可以采用"温泉+康复疗养"的发展模式。以温泉为载体，依托医院、生命科学研究中心等机构，充分发挥医学、生命科学与健康管理的作用，结合现代理疗手法的应用，把温泉的健康养生价值与日常的体检、医疗、诊断、康复、疗养、健身等一系列手段深度结合。"温泉+康复疗养"模式的核心内容包括健康管理、温泉养生、健身中心。健康管理包括体检、评估报告、咨询指导、随访、疾病管理、协调治疗6个基本服务。温泉养生指有针对性地提供各种健康养生方案。如温泉与食疗结合，即根据个体健康评估结果制订相应的饮食计划。健身中心指引入各种运动型和养生的健身项目，包括室内外运动项目、有氧健身项目和养生项目，如网球、瑜伽、健身操等，为游客提供日常和专业性的健身项目。同时针对游客的健康评估报告，提供专业的健身训练指导，也可以和各种运动团队合作，建设训练基地。

3. "温泉+会议"模式

西安、咸阳等城市地区的温泉可采用"温泉+会议"的模式，建设完善的商务与会议设施，通过温泉与大型会议会展的结合，实现温泉资源开发价值的重大突破。这种模式主要依托城市庞大的会议市场，利用温泉的休闲养生价值吸引会议市场。"温泉+会议"模式对温泉资源价值、资金投入、场地条件等要素要求不高，容易成功，但是该模式的竞争相对激烈，因此在开发中要错位开发，避免无序竞争。

4. "温泉+运动游乐"模式

温泉与运动游乐的结合也是常见的温泉开发模式。它的核心是在温泉泡浴的基础上，发展体验性、参与性强的运动游乐项目，提升温泉的吸引力。通过温泉+水游乐，把温泉漂流、温泉游泳池、水上滑梯等动感刺激的游乐项目引入温泉旅游地，实现温泉淡季经营的火爆。面对高端市场可开发温泉与高尔夫运动的结合，这是顶级温泉旅游地的开发模式。也可通过打造挑战性的滑雪项目，实现温泉与滑雪场的结合，有力地推动冬季温泉旅游的发展。"温泉＋运动游乐"模式在陕西发展得较好，如渭水园温泉旅游度假村周边设有小型方程式赛车、水上快艇、碰碰船、保龄球、鸵鸟观赏、棋牌游艺、垂钓等项目，游客可以在洗浴之余，参与多种游乐活动，增加温泉旅游的趣味性。太白山御龙湾温泉打造"温泉＋滑雪"的冬季旅游体验模式。

5. "温泉＋地产"模式

温泉地产是我国目前最具特色的旅游住宅地产开发模式之一，它借助温泉的优势，使小区得山得水，生态与人文相结合，达到了人与自然和谐相融的境界，符合中国人"择水而居"的居住要求，使房产价值得以极大提升。陕西省安康市岚皋县温泉城区分别由中心商业区、康体休闲区、温泉度假别墅区、高层住宅区、小高层新城住宅区等组成。温泉城区以三面环水的商业旅游中心向周围辐射，以五星级温泉酒店为纽带延伸至温泉度假别墅，然后过渡到高层住宅区，以大坝的瀑布水景为过渡至小高层为主的新城住宅区。它以得天独厚的温泉资源为依托，不仅通过优美的景观提升环境品质，为业主提供舒适、休闲的生活环境，更重要的是将附着于景观之上的温泉文化价值融入住宅项目中，达到温泉与房地产开发的双赢。

6. "温泉＋生态农庄"模式

远离城市的郊区温泉可发展"温泉＋生态农庄"模式，利用温泉余热发展温室大棚、热带鱼养殖等农业种植养殖业。通过温泉和农业的结合，一方面，发挥温泉的梯级利用价值发展生态农业，有助于推动农业从单一的产品经济向服务经济迈进。另一方面，生态农庄的建设有效改善了温泉周边的环境，创造出极具地域特色的泡浴场所。咸阳海泉湾温泉、西安日月湾国际温泉旅游度假区等利用地热温室生产优质蔬菜、花卉，使温泉旅游和农业有机结合，将来还要将温泉旅游与农业观光、农业采摘等有机融合起来，打造以温泉为中心的田园综合体。

（三）御温泉模式

御温泉以卓越创新的经营管理理念，独特的"情"字风格和

"御"式服务获得社会各界的赞誉①。御温泉的品牌个性，体现为"盛唐新风、尊贵独有"。陕西有多处温泉开发历史悠久，为皇家御用，它们天然契合御温泉的经营理念。陕西唐华清宫两园（芙蓉园、梨园）沐浴娱乐项目，再现了盛唐沐浴文化，还开发出了系列药浴、花瓣浴等温泉沐浴产品，以多元化的服务来满足游客的需求。在御温泉品牌的基础上，要挖掘关中秦文化、唐文化、道家文化、黄土文化等，打造独特的温泉文化。在温泉旅游地，可将东汉张衡的《温泉赋》、北魏元苌的《温泉颂》、唐李世民的《温泉铭》、白居易的《长恨歌》等传颂温泉的佳作刻于石上，建成温泉碑林或碑廊，传承温泉文化。在旅游产品方面，可加工带有御温泉品牌标识的旅游纪念品。在服务方面，培养具有较高专业素养的温泉旅游业人才，着力打造皇家级别服务，扩大温泉品牌影响力。

二　温泉旅游发展对策

根据对温泉出游动机、出游偏好和满意度的分析，为陕西省温泉旅游开发提出对策建议。

（一）提升温泉水质、改善周边环境

通过对陕西温泉 IPA 分析可知，温泉水质和环境质量是温泉游客最不满意的两个指标，且被列入集中关注区。这两个指标对游客而言十分重要，但实际情况未达到游客预期。众所周知，温泉的品质是温泉旅游的核心，一旦水质无法得到保障，轻则会给游客带来较差的旅游体验，重则会对游客的身体造成损害。因此，陕西省内的温泉旅游地应在温泉水质上严格把关，如定期对温泉泡浴池进行消毒，加强循环净水设备的维护和管理，力求带给游客最好的洗浴体验。此外，温泉地周边的环境也会对游客的选择产生重要影响。在环境的打造上，要善于依景也要善于借景，建筑材料尽量选择与当地自然环境相协调的天然材料，使温泉建设与自然环境和谐统一。

---

①　蒿惊雷：《温泉的延意—珠海御温泉的设计构思与设计运作初探》，《南方建筑》2001 年第 2 期。

（二）打造温泉旅游品牌

陕西温泉旅游业已发展成集养生、度假、旅游为一体的大众休闲产业，成为带动区域旅游发展的重要动力。但在市场竞争日益激烈的时代，陕西温泉在国内外的品牌影响力不大。品牌是企业的核心竞争力，也是最有价值的资产。陕西温泉数量多、品质好、文化积淀深厚，因此陕西省要深挖文化内涵，打造独特的品牌。在互联网时代，陕西应积极借助"互联网＋智慧温泉"建设，完善温泉资讯、预订平台，实现微信办理温泉年卡、一键购票等智慧化功能，建立温泉景区大数据库，大力促进温泉和景区的捆绑式营销策略，为游客带来全新的旅游体验，塑造独特的温泉品牌。

（三）建造不同规模、等级的温泉旅游地

通过对陕西温泉游客收入状况的分析可以发现，温泉旅游相对于普通的观光旅游花费更高，因此收入水平较低的人群难以参与其中，这无形中丧失了相当一部分的潜在消费人群[①]。大部分的旅游经营者总是将温泉旅游定位为高端市场，在建设中也是豪华上档次。但温泉旅游业的持续发展，更多地应该依赖于中产阶级，并兼顾部分低收入人群。因此，在温泉旅游地的开发中，应该注重对市场的进一步细分，为中低收入人群打造实惠的温泉旅游地。如西安市东大街道的"特种渔场"温泉体验项目，定位于中低端客户，采取低价政策，节假日店内接待量可达到300多人次/天。陕西省在开发高等级温泉旅游地的过程中，也要建设一些中低档次，但配套设施齐全、服务质量较好的温泉休闲场所，使不同规模、等级的温泉旅游地交叉经营，既能有效地满足中低收入人群的消费需求，也可带来巨大的经济和社会效益。

---

① 张卓业、何思学、邹事平：《温泉旅游开发的综合影响因素分析》，《河北企业》2018年第12期。

第五章　青海地热资源及温泉旅游开发路径

第一节　青海地热资源

　　青海省位于我国西部，东西长逾 1200km，南北宽逾 800km，总面积超过 72 万 km^2，相当于我国土地总面积的 1/13。青海省东北和东部向黄土高原、秦岭山地过渡，北部与甘肃河西走廊相望，西北部通过阿尔金山和新疆塔里木盆地相隔，南与藏北高原相接，东南部与四川盆地相连。青海省是中国"第一阶梯"的重要组成部分。

　　青海省分为三大地形区，分别是西北部阿尔金山、东北部的祁连山区及东南部的河湟谷地组成的东部和北部平行岭谷区、西部的柴达木盆地区、南部的青南高原区。全省平均海拔超过 3000m，其中南部高原地区海拔最高，达到 4000m 以上；接下来是西部盆地地区，海拔介于 2600m 到 3000m；北部、西北部以及东部的山谷地区海拔最低，为 2000m 左右。青海省气候属于典型的高原大陆性气候，降水分布随地区、季节变化特征明显，垂直分布变化大。青海省南部降水量高达 557—774mm，蒸发量为 1266—1721mm；柴达木盆地降水量不足 20mm，而蒸发量则高达 3070—3210mm。

　　就水文而言，青海省存在两大水系。一是外流水系，中国最重要的河流长江、黄河、澜沧江均发源于青海省南部高原地区，因此有"三江源"之称。长江上游发源于格拉丹东冰川之末段，源头海拔为 5480m，冰雪融水形成的 20 余条支流汇合成源流段，在青海省内流经长度约为 1206km，流域面积约 14.1 万 km^2，在青海省境内称通天河。黄河发源于青海省中部巴颜喀拉山脉北麓的雅拉达泽山，海拔约4650m，由冰雪融水补给形成，向东流注入扎陵湖、鄂陵湖后，流经玛多、玛沁等县后流向甘肃省境内。澜沧江发源于青海省唐古拉山东北部，是东南亚最大的国际河流，在青海省流经约444km，流域面积37482km²。二是内流水系，如归属于柴达木盆地水系的那棱格勒河、格尔木河，归属于青海湖盆地水系的布哈河，归属于哈拉湖盆地水系的奥果吐尔乌兰郭勒河、哈夏图河等。青海省境内湖泊众多，共有2043个，总面积为13665.63km²。我国最大的内陆咸水湖—青海湖位于省内东北部，省内代表性淡水湖泊有扎陵湖、鄂陵湖等。

一 青海省地热资源类型

根据地下水的动力条件、热储条件、地质结构等特征，将青海省地热水分为两种，一种是隆起断裂对流型，另一种是沉降盆地型。青海省具有三山（祁连山、东昆仑—西秦岭、青南高原）、三盆（柴达木、共和—贵德、西宁—民和）的盆山构造格局，在造山带有断裂对流型地热资源41处，沉积盆地有传导型地热资源27处①。青海省地热水出露点多达70余处，地热资源十分丰富，它的生成发展，运移富集和出露规律，与地质构造有密切的内在联系。

（一）隆起断裂型地热水

隆起断裂型地热水主要产生于元古界、下古生界变质岩、各类致密花岗岩和部分灰岩区。这类区域结构松散、裂缝纵横，大气降水沿着裂缝流入地下后，在地热作用下升温，同时融入多种矿物质，最终沿断裂构造带导出地表。隆起断裂型地热资源主要分布于北部祁连山地热带、东昆仑—西秦岭断裂对流型地热带和青南高原地热带。

1. 北部祁连山低地热带

祁连山低温温热水地热带分布于祁连造山带，山体走向受压扭性活动深大断裂控制呈北西西向展布，地热水出露也呈北西西向展布，主要分布在北祁连和中祁连，南祁连仅在大柴旦镇有1处地热水。沿

---

① 袁伏全、张超美、孙世瑞等：《青海地区地震与地热的分布特征》，《高原地震》2017年第2期。

北部祁连山地热带出露的高温温泉（60—75℃）1 处，中温温泉（40—60℃）6 处，低温温泉（25—40℃）5 处。祁连山造山带的北祁连大地热流值较高，中祁连大地热流值偏低。

2. 东昆仑—西秦岭断裂对流型地热带

东昆仑—西秦岭断裂对流型地热带分布于柴达木盆地以南，青海南山—拉脊山以南的东昆仑山—西秦岭造山带，南侧以巴颜喀拉山北侧的昆南—玛沁断裂为分界线。该构造带地热水沿北西西向秦昆造山带和北西西向断裂构造带复合部位出露。地热来源与印支期、燕山期中酸性侵入岩有关。该区有沸腾温泉（75℃以上）3 处，高温温泉（60—75℃）5处，中温温泉（40—60℃）3 处，低温温泉（25—40℃）5 处。

3. 青南高原地热带

青南高原地热带分布于昆仑山、阿尼玛卿山以南的青南高原地区，展布有羌塘—唐古拉、可可西里—松潘甘孜造山带，印支—燕山期侵入岩广泛发育，喜山期岩浆岩及喷出岩也有较多分布。该带已发现高温温泉（60—75℃）3 处、中温温泉（40—60℃）3 处、低温温泉（25—40℃）6 处。青南高原的北羌塘和东昆仑地区，地热水以低温的居多，高温的较少，并有大量的古泉华。

（二）沉降盆地型地热水

沉降盆地型地热资源主要产生于中生代、新生代内陆盆地中，其地下水来源主要为雨水、雪水、地表水及河溪水，水流入地下后，储存在结构紧密的碎屑岩中，通过地热作用升温，水温依岩层深度各有不同。青海省沉降盆地型地热资源主要包括柴达木盆地地热水、共和—贵德盆地地热水、西宁盆地地热水等①。

1. 柴达木盆地地热水

柴达木盆地是一个大型断陷盆地，周边为深断裂所围，新生代以来在不同方向应力作用下，形成了一系列呈反"S"形的褶皱和断裂组合。柴达木盆地的大地热流平均值为 53mW/m²，距地表深度为 1500m 及 2400m 钻探的地热水水温为 55℃ 和 65℃。该区地热水位于

①　李林果、李百祥：《从青海共和—贵德盆地与山地地温场特征探讨热源机制和地热系统》，《物探与化探》2017 年第 1 期。

油泉子、油砂山、油墩子及茫崖等地区，地热水的特点为水量充裕，富含矿物质及微量元素，以 Na-Cl 型热水为主。

2. 共和—贵德盆地地热水

共和盆地的黄河谷地、恰卜恰河谷以及阿乙亥沟交汇的三角地区均有地热水分布。在恰卜恰镇有 9 处地热水呈北西、北北西向分布。地热水温度多在 20℃左右，最高达 32℃。贵德盆地地下热水贮存于三河平原区南北宽 6km，东西长 20km 的范围内，地温梯度达 8.2℃/100m①。贵德盆地地热水的矿化度小于 1g/L，水化学类型以氯化物重碳酸硫酸钠混合型为主。

3. 西宁盆地地热水

西宁盆地南北分别被拉鸡山冲断走滑断裂带和大坂山冲断走滑断裂带所夹持，盆地内部有老爷岭凸起、双树凹陷、后子河凸起、大堡子—西宁凸起、总寨凹陷等次级构造单元。西宁盆地以碎屑岩孔隙裂隙型承压水为主，形成自流水盆地。盆地内各断块处基底埋深不同，造成地热水分布呈现很大的差异性。通过对西宁盆地 13 个地热井地热水的分析可知，地热水矿化度呈现由盆地边缘向中心逐渐增高的环带状特征，水化学类型由盆地边缘向盆地中心呈现从重碳酸盐型水—硫酸盐型水—氯化物型水的变化趋势。②

二 青海地热资源总体状况

青海省具有三山三盆的盆山构造格局，地热资源十分丰富，其生成发展，运移富集和出露规律，与地质构造有着密切的内在联系。青海省已探明的温泉有 70 余处，在全省的六州两市（海北州、海南州、黄南州、海西州、玉树州、果洛州、海东市、西宁市）均有分布。其中沸腾温泉（75℃以上）3 处，中高温温泉（40—75℃）29 处，低温温泉（40℃以下）38 处（见表5.1）。

---

① 王斌、何世豪、李百祥等：《青海共和盆地地热资源分布特征兼述 CSAMT 在地热勘查中的作用》，《矿产与地质》2010 年第 3 期。

② 孙恺：《西宁盆地地下热水循环机制与资源评价》，硕士学位论文，西北大学，2015 年。

表 5.1　　　　　　青海省已探明温泉及主要特征统计表

地区	位置	水温（℃）	流量（L/s）	矿化度（g/l）	水化学类型
西宁市	湟源县药水村南响河北侧	16.5	3.82	—	—
	湟中区门旦峡矿泉	21.5	—	—	—
	湟中区药水滩地热井	41.5	—	—	HCO₃—Ca
	湟中区子沟峡矿泉	22.5	0.95	0.85	HCO₃—Ca·Na
	大通县塔尔地热井	23.5	—	—	SO₄—Na
	大通县后子河地热井	34.2	—	—	SO₄—Na
	西宁市城南新区地热井	62.5	19.10	34.2	SO₄·Cl—Na
	西宁市供热公司地热井	42.2	25.93	39.82	SO₄·Cl—Na
	西宁市胜利公园地热井	39.5	35.01	34.9	SO₄·Cl—Na
海东市	平安区庙沟热泉	28	0.062	11.43	HCO₃·SO₄—Na
	平安区冰棱山矿泉	19	0.70	5.47	HCO₃·SO₄—Na
	乐都区王家庄矿泉	28	—	1.54	Cl·SO₄—Na
	乐都区杏园五二厂地热井	17.3	—	—	Cl·SO₄—Na
	乐都区曲坛地热井	17	—	—	SO·Cl₄—Na
	乐都区高庙乡新盛村	16	—	—	Cl₄—Na
	互助县南门陕口地热井	16.0	—	—	
	化隆县西热泉	17	0.022		
	民和县北侧热泉	36	10.268	1.651	Cl·SO₄—Na
海北藏族自治州	祁连县雪域温泉	32	6.23	—	—
	走廊南山西端温泉	20—40	—	—	
	托勒河热水沟温泉	30	22.50	2.0	HCO₃—Mg
	大通河上游温泉	45	2.17	0.61	HCO₃—Ca·Mg·Na
	门源县俄博温泉	41—68			
	门源县狮子口矿泉	17		0.87	HCO₃—Ca
	门源县北东52km温泉	50			
	海晏县包忽图温泉	52	5.618	0.30	HCO₃·Cl₄—Mg
	海晏县西海温泉	56	6.42	—	—
	海晏县甘子河热水	51	6.58	0.61	HCO₃—Ca·Mg

续表

地区	位置	水温（℃）	流量（L/s）	矿化度（g/l）	水化学类型
海南藏族自治州	兴海县青根河温泉	30	0.79	—	—
	兴海县鄂拉山温泉	62	0.24	—	—
	兴海县温泉村温泉	70	20.0	—	—
	贵南县拉干温泉	38	—	2.509	Cl—Na
	共和县阿已亥温泉	32	1.0	1.95	Cl—Na
	共和县地热井	66.8	17.36	—	—
	贵德县曲乃亥温泉	86	1.051	1.885	Cl—Na
	贵德县扎仓温泉	93.5	1.51	1.416	$SO_4 \cdot Cl—Na$
	贵德县新街南侧30km温泉	26.5	2.92	0.74	—
	贵德县新街温泉	64	0.61	0.64	—
	贵德县新街南侧12km温泉	26.5	—	—	—
	循化县西22km温泉	37	—	—	—
黄南藏族自治州	同仁县兰采温泉	67	—	0.656	$SO_4—Na$
	同仁县西卜河温泉	44	—	0.43	$SO_4—Na$
	同仁县曲库乎温泉	48.5	0.50	—	$SO_4—Na$
海西蒙古族藏族州	茫崖市油泉子西钻孔	65	—	—	—
	茫崖市油泉子东钻孔	55	—	—	—
	茫崖市大盐滩南侧钻孔	37	—	—	—
	茫崖市大盐滩北侧钻孔	37	—	—	—
	柴北缘南八仙处钻孔	57	—	—	—
	德令哈市大柴旦镇温泉	66	0.68	1.30	$Cl \cdot SO_4—Na$
	刚察县热水煤矿温泉	40	0.374	0.97	$HCO_3—Ca$
	都兰县博鲁克斯坦河温泉	30	3.46	3.02	Cl—Na
	都兰县热水乡温泉	82	1.638	3.18	Cl—Na
	都兰县夏日哈镇果米村	70	15.0	—	—
	乌兰县巴硬格里温泉	42.5	3.05	0.558	$SO_4 \cdot Cl—Na$

续表

地区	位置	水温 （℃）	流量 （L/s）	矿化度 （g/l）	水化学类型
玉树藏族 自治州	青藏公路改寨温泉	19	15.0	2.92	SO_4—Cl
	青藏公路103道班16号泵站	70	0.039	1.942	SO_4—Ca
	青藏公路104道班西山脚下	65	5.0	2.508	SO_4—Na
	青藏公路109道班	32	—	1.595	SO_4—Ca
	青藏公路雁石坪东67km	30	25.0	24.68	—
	称多县清水河温泉	39.5	3.0	1.16	HCO_3—Na
	称多县歇武乡南西7km	24	2.88	—	—
	唐古拉山口温泉	46	—	—	—
	唐古拉山口温泉东52km	43	12.0	1.75	—
	玉树市巴塘矿泉	23.5	5.768	1.91	HCO_3—Ca_4
	玉树市巴塘热水沟温泉	21—36	0.221	2.58	HCO_3—Na
	玉树市巴塘那龙多西15km	64	0.11	1.26	—
	玉树市巴塘那龙多温泉55km	14—66	4.5	1.26	HCO_3·SO—Na
	襄谦县苏莽盐场温泉	12.0	1.124	339.19	Cl—Na
	襄谦县达那温泉	50	—	—	—
	襄谦县觉拉银曲沟温泉	19—35	84.0	0.45	HCO_3·SO—Ca_4
	襄谦县杂曲河温泉	16	5.618	0.60	HCO_3·SO—Ca_4
	襄谦县南东10.5km处温泉	43	—	—	—

数据来源：根据青海省地热调查资料整理得出。"—"表示相关数据缺失。

第二节　青海温泉旅游业发展现状分析

一　青海省名泉简介

青海省温泉旅游景点众多，其中具有代表性的有贵德温泉、药水滩温泉、大柴旦雪山温泉、祁连雪域温泉、曲库乎温泉、西海温泉、玉树达那温泉等。

（一）贵德温泉（扎仓温泉）

海南藏族自治州的贵德不仅以明清古城闻名，也因高原药浴温泉而名动青海。据史料记载，贵德温泉从明朝就开始利用热浴治病，至今已有 600 多年的历史。贵德温泉也称扎仓温泉，藏族群众称为"德仁吉曲库"，意为平安、幸福的热泉，是藏区的名泉。贵德温泉热水沟有 20 多个泉眼，这些泉的流量为 240t/d，天然热量 890.4 千卡。近些年因钻井取水，天然出露的泉眼已经不多了。贵德温泉最低温度 50℃，最高温度 93℃，沸腾的泉水中可煮熟牛羊肉、鸡蛋。泉水中含有丰富的矿物质和微量元素，属于弱碱性碳酸盐泉水。温泉对于风湿劳损、神经疾病、皮肤病有很好的疗效。1970 年对泉水进行化验，确定为优质矿泉水。温泉南侧的巨大红砂石上刻着"沸泉冬温"四个字。贵德温泉宾馆位于有"西宁后花园"美名的贵德县城，是三星级旅游涉外饭店，有 70 间标准客房，以及 KTV 包厢、会议室、棋牌室、中餐厅、西餐厅、民族餐厅、宴会厅、咖啡厅及游泳馆、桑拿洗浴中心、保龄球馆、乒乓球室等休闲娱乐设施，贵德温泉以独特的疗养功能吸引着周边省份及省内游客。

（二）药水滩温泉

药水滩温泉位于西宁市以南 40km 处湟中县的玛脊峡谷中，泉眼随处可见。温泉的出露温度为 18—40℃，矿化度为 1041—1707mg/L，水化学类型为重碳酸型水。温泉中含有大量的矿物质和锂、镁、锶、铬、锰、硼、硅酸等微量元素，药用价值很高，内服对肠胃有很好的保健功效，外浴对癣、疥、荨麻疹、关节炎也有很好的疗效，所以人们称之为"药水神泉"。药水滩温泉有"眼睛泉""龙王泉""女儿泉""水晶泉"等。当地于 1985 年修建了药浴院和浴池，此后又修建了一座疗养旅馆，馆内有游泳池、浴室、客房，每年接待上万名各地旅客。由于药水滩温泉年出水量大且水质优良，可直接饮用，被誉为"唯一没有被污染的矿泉水"。当地经营者将其进行加工成矿泉水饮品销往各地，并已成功注册"江河源"牌矿泉水商标。

（三）大柴旦雪山温泉

大柴旦雪山温泉位于青海省海西蒙古族藏族自治州德令哈市大柴旦镇北 10km 处的达肯达坂山，是柴达木地区唯一的一处天然热泉。大柴旦温泉沟有 109 个泉眼出露，其中温泉有 61 个，水温在 26—72℃，流量为 6.3L/S，水化学类型为氯化钠型。温泉含对人体有益的大量矿物质和钾、硼、锂、溴等微量元素，对皮肤病、关节炎等病症颇具疗效。大柴旦温泉周围环境优美，有高山（如柴达木山、党河南山、土尔根达坂山等）、湖泊（如大小柴旦湖、西台吉乃尔湖等咸水湖）、河流（如塔塔河、哈勒腾河、马海河等淡水河）。柴达木山顶终年积雪，温泉水静静流淌，茫茫戈壁与江河湖泊的组合令人耳目一新。

（四）祁连雪域温泉

祁连雪域温泉位于海北藏族自治州祁连县托勒河上游沟谷，距离祁连县城70km，海拔3771m。温泉水温32℃，流量6.23L/S，具有较浓的硫化氢味。目前已开发为集洗浴、住宿、餐饮、休闲和商务多功能为一体的大型温泉旅游中心。场馆占地面积为977m²，总建筑面积为1300m²。场馆被划分为洗浴区、表演区、餐饮区、中央广场等，可满足游客的娱乐疗养商务等需求。

（五）曲库乎温泉

曲库乎温泉位于黄南藏族自治州同仁县城18km的麦秀山中的西部沙沟。此地交通便利，自然风光优美。温泉共有三处泉眼，水温42—45℃，流量为0.55L/S，具有轻微的硫化氢气味。水中富含多种对人体有益的矿物质和微量元素，对传统的关节炎、皮肤病、动脉硬化等疾病有显著的疗效，当地群众称为"神水"，是疗养、避暑、游览的胜地。

（六）西海温泉

西海温泉位于海北藏族自治州海晏县甘子河北段年钦夏格日山脚下。现有泉眼九口，呈条状分布。温泉水温56℃，流量为6.42L/S。在西海温泉处能见到经轮等佛教物品。西海温泉的经轮是在泉水推动下转动的，如此巧妙的设计也蕴含着人与自然和谐相处的意境。远处山峰上积雪终年不化，近处热水雾气袅袅，远近相互映衬，给游客以身临仙境的奇妙感觉。

（七）玉树达那温泉

玉树达那温泉位于玉树州囊谦县吉尼赛乡瓦多村的麦曲河边，因与著名景点达那寺相邻，故名达那温泉，在当地俗称"象鼻温泉"。温泉水温在50℃左右，水中含有大量矿物质，对关节炎、皮肤病有很高的医疗价值。泉水从山间崖壁上喷涌而出，落下后形成一弯不大的水池。神妙之处在于温泉水从一块猛兽形状的石头中涌出，再分七个轨道流到石头下方的七个石坑当中，仿佛石坑是天然为泉水涌出做准备的，体现了大自然的神奇。

二　青海省旅游业及旅游资源概况

（一）青海省旅游业发展情况

近年来，青海省依托国内旅游的有利形势，积极探索并借鉴其他地区的成熟经验，取得了一系列有益的成果，促进了本省旅游业的发展，使得游客数量及旅游收入与过去相比都有了显著提高。2018 全年全省接待国内外游客 4204.4 万人次，比上年增长 20.7%。其中，国内游客 4197.5 万人次，增长 20.7%；国内旅游收入 463.9 亿元，增长 22.4%。可见无论是游客接待量还是营业收入，青海省旅游业都取得了长足的进步。但与我国其他地区相比，青海省旅游业起步较晚，因此在旅游资源开发、软硬件设施建设、旅游品牌打造等方面都存在着很大的提升空间。

（二）青海省旅游资源概况

青海省旅游资源非常丰富。截至 2018 年末，全省共有 A 级风景区 110 处，其中 5A 级景区 3 处，包括青海湖景区、塔尔寺景区和互助土族故土园景区；4A 级景区 24 处，如青海省博物馆、丹噶尔古城景区等；3A 级景区 64 处，如日月山景区、娘娘山景区等；2A 级景区 19 处，如瞿坛寺景区、药草台景区等。有学者根据省内各旅游资源的区位、经济条件、民族宗教等特征，将青海省旅游资源分为 5 大区域①，分别为：青海湖历史文化区、三江源高原风情、柴达木盆地自然风光区、果洛川藏文化区、可可西里生态保护区。具体分布如图 5.1 所示。

1. 青海湖历史文化区

青海湖历史文化区位于青海省东部，在行政区划上主要由西宁市及周边地区、海北、海南、黄南地区及海东市组成。该区人口规模大

---

①　王玉梅：《青海省旅游空间结构及其优化研究》，硕士学位论文，青海师范大学，2013 年。

图 5.1　青海省旅游资源区域分布

且流动性较强，经济较为繁荣，交通便利，是全省的政治文化中心。景点分布以西宁市为中心向周边辐射，代表性景点有 5A 级景区青海湖、塔尔寺，等等。该区是全省旅游业发展潜力最大的区域之一。

2. 三江源高原风情区

三江源高原风情区位于青海省西南，在行政区划上主要包括果洛藏族自治州（玛多县）、玉树藏族自治州（玉树县、称多县、囊谦县、杂多县）和边属格尔木代管区三大部分，在文化类别上与发源于甘孜州的康巴文化有很深的渊源。该区有黄河源所在地、享有"万里黄河第一县""千湖之县"美名的玛多县；有长江源所在地、位于格拉丹东雪峰脚下的格尔木代管区；以及澜沧江源头所在地，人迹稀少且自然风光保存完好的杂多县。由于该区地处高原地区，自然条件严酷，生态功能重要，经济发展水平低。因此，在短期不具备进行大规模旅游开发的条件，适合小团体的探险生态旅游。

3. 柴达木盆地自然风光区

柴达木盆地自然风光区位于青海省西北部，在行政区划上主要包括海西蒙古藏族自治州。柴达木盆地形似三角形，周围被祁连山、青海南山、鄂拉山、阿尔金山、昆仑山等环绕。该区人口稀疏，除汉族外，还有藏、蒙、回等民族。在文化类别上，该区受阿尔金山、鄂拉山等高山文化影响较大。盆地内矿产资源丰富，除盐矿外，石油、煤及多种金属矿藏储量也十分可观，因此有"聚宝盆"的美誉。气候方面，该区具有降水量少蒸发量大的特点，长此以往，形成了极具特色的高原风沙自然景观，中国最大的雅丹地貌即位于此。此外，该区还分布有自然形成的盐湖景观，如茶卡盐湖等，具有极高的观赏价值。

4. 果洛川藏文化区

果洛川藏文化区位于青海省东南部，在行政区划上包括果洛藏族自治州（玛沁县、久治县、班玛县、达日县、甘德县），由于向南紧邻四川省阿坝、甘孜州，因此具有浓郁的川藏风情，故名果洛川藏文化区。该区气候属于高原大陆性气候，具有气温低、光照强、昼夜温差大等特征。该区得天独厚的自然条件形成了众多奇绝瑰丽的风景，加之尚未经过人工干预，基本保留了自然界的原始形态，因此具有很高的旅游观赏价值。代表性景点为阿尼玛卿峰、雅拉达泽、措哇尕则等高山。在人类活动范围日益扩大的今天，像这样"纯天然"的景点实属难得，因此每年都吸引着大批国内外游客前往。

5. 可可西里生态保护区

可可西里生态保护区位于青海省西部，在行政区划上包括玉树藏族自治州。北接昆仑，南及乌兰乌拉，在文化类别上与柴达木盆地自然风光区相近，是典型的高山文化。可可西里生态保护区总面积4.5万 km^2，平均海拔超过4600m，高寒缺氧，几无人迹。该区是目前中国海拔最高、物种最为丰富、生态科研价值最高的自然保护区之一，在世界著名的自然保护区中也占有一席之地。由于该区以生态环境保护和科学研究为主要目的，因此包括旅游在内的商业开发是被严令禁止的，游客只能在周边领略保护区的原始自然风光。

三　青海温泉旅游融入总体旅游开发格局的策略

本书根据《青海省十三五旅游业发展规划》和《青海省全域旅

游发展规划》等省级政策文件，对青海省旅游业的布局与总体发展方向进行梳理。青海省旅游业发展规划可概括为"一圈三线三廊道三板块"。随着康养度假旅游的兴起，温泉旅游成为旅游业的重要组成部分，本书探讨青海省温泉旅游在总体旅游发展中的定位，将温泉旅游业开发融入全省旅游业发展整体布局中。

（一）温泉旅游融入"一圈"

所谓"一圈"指环夏都西宁旅游圈。按照"城市依托、龙头带动、交通串联、创新引领、四化同步"的思路，推进资源开发、市场营销、旅游管理等区域一体化进程，形成集清凉避暑、高原旅游、宗教朝圣、都市休闲、户外运动等于一体的复合型旅游目的地，目标是在未来成为全国范围内具有一定影响力的综合旅游目的地。环夏都西宁旅游圈是青海省全域旅游的核心区域，其发展方向表现出多元化的特点，既注重自然风光与历史文化的保护与传承，又强调向现代化、国际化旅游度假胜地的方向进行转变。因此，该区的温泉旅游地，如月牙湾温泉、夏都博汇温泉水乐园、海浪湾温泉等应做到"全面发展"。一是要凸显"重自然，轻人工"的特点，如在温泉地建设规划中注重保护周边自然环境。场馆建筑可采用木、石等材料，减少钢筋混凝土等建筑材料的使用。二是要凸显历史文化的传承，如可在温泉旅游地内设置眉户剧、平弦剧等当地特色剧种表演，在建筑室内绘制仿古壁画等。三是要凸显国际化与现代化，如推出直通曹家堡机场、西宁火车站的温泉旅游大巴专线，方便游客进入温泉旅游地。对温泉旅游地服务人员进行专业培训，使其具备较高的职业素养，能够与外国游客进行基本的交流。旅游地内标志牌须用多国语言注明等。四是要加强与该区内其他景点合作，与青海湖等著名景点进行联动，如推出"青海湖＋月牙湾温泉"等旅游套餐。

（二）温泉旅游融入"三线"

所谓"三线"指祁连风光旅游北线、青藏铁路（公路）旅游中线、唐蕃古道旅游南线。"三线"以高原花海、雪山、云海及最美大草原、河谷田园、高原森林等原生态山水为主要特色。因此位于"三线"上的温泉旅游地，如贵德温泉、祁连雪域温泉等，应以保护温泉周围的自然风光为重点，力图为游客营造旅行途中绝佳的休憩场所。

如位于北线的祁连雪域温泉可以和黑河大峡谷、卓尔山、祁连大草原等著名景区进行联动，打造精品旅游线路。位于南线的贵德温泉以凸显民俗风情为特色，如服务人员可将土族传统服饰作为工作服装，餐厅供应青稞炒面、奶茶、酩醯等民族特色食品，温泉旅游地设置特色旅游纪念品、少数民族旅游产品等。

（三）温泉旅游融入"三廊道"

所谓"三廊道"指青海黄河上游旅游景观廊道、青海湖人文旅游景观廊道、祁连风光带生态旅游景观廊道。"三廊道"以黄河、青海湖、祁连山等自然景观为核心，强调旅游业与农业、林业、娱乐业等其他业态的协同发展。如位于黄河上游廊道的民和温泉、循化的温泉半岛度假区等可以打造集休闲娱乐、考古探险、康体疗养为一体的新型温泉旅游地。位于青海湖人文旅游景观廊道的药水滩温泉，是离西宁市20km的郊区温泉，可尝试发展"温泉＋农业"模式，通过设计温泉水的梯级利用方式，利用温泉余热发展以温室大棚、热带鱼养殖等为核心内容的生态农业。位于祁连风光生态旅游景观廊道的门源温泉可以针对当地"百里油菜花海"景观推出联合营销策略，吸引游客前往。

（四）温泉旅游融入"三板块"

所谓"三板块"指柴达木旅游板块、三江源旅游板块、大年保玉则旅游板块。柴达木旅游板块以格尔木为中心向周围辐射，融昆仑文化于一体，以雅丹地貌、茶卡盐湖等为主要景观。三江源旅游板块以玉树市为中心向四周辐射，融康巴文化于一体，以可可西里、江河源头为主要景观。大年保玉则旅游板块以年保玉则景区为中心向四周辐射，融格萨尔文化于一体，以高原冰川湖泊、玛多国家公园为主要景观。"三板块"景区以打造精品自驾游线路为目标。因此该区的温泉应以完善自驾游配套服务为重点，设计科学的交通路线，在旅游地附近建设完备的道路标志系统，完善停车场、汽车检测维修等设施，编制或开发详细的自驾游手册或App，方便游客查询。

四　青海省温泉旅游开发的SWOT分析

本书利用SWOT分析法，对青海省温泉旅游开发中存在的优势、劣势、潜在的机遇及可能面临的挑战进行分析。

（一）优势（Strengths）

1. 丰富的温泉资源

青海省地热资源类型多样且分布广泛，干热岩、水热型的地热资源一应俱全。全省已知的地热水资源 70 余处，主要分布在全省的五州一市（海北州、海南州、黄南州、海西州、玉树州、海东市）。其中高温温泉（75℃以上）3 处，中温温泉（40—75℃）29 处，低温温泉（40℃以下）38 处。其中贵德温泉、大柴旦温泉、药水滩温泉、祁连雪域温泉等更是享誉西北，成为青海省代表性温泉。

2. 温泉品质好

青海省温泉资源不仅数量众多，而且温泉品质也属上乘。如贵德温泉含有丰富的对人体有益的矿物质和微量元素，按照水化学成分为弱碱性碳酸盐泉，早在 1970 年就被水质检测机构认定为优质矿泉水，可直接饮用。处于雪山怀抱中的大柴旦温泉富含氟、硼、氡、偏硅酸、镁、钙、锶等对人体有益的矿物质和微量元素，被认为是西北地区水质最好，水量最大的温泉。药水滩温泉无色，有浓浓的硫化氢气味，含有锂、镁、锶、铬、锰、硼、硅酸等微量元素，具有很高的康体疗养价值，以药水滩温泉为原料生产的"江河源"牌矿泉水远销日本等国，深受当地消费者喜爱。曲库乎温泉水全年温度不变，含有大量锂、偏硅酸等多种人体有益的元素。海晏县西海温泉水富含锂、锶以及其他对人体有益的多种微量元素，对多种疾病都有很好的疗效。

3. 周边环境优美

青海省温泉资源的一大特点就是周边环境优美，兼具自然风光与人文景观，很好地诠释了"人与自然和谐共处"的发展理念。如贵德温泉毗邻气候温和，水质洁净，环境优美的河滨公园，温泉馆内小桥流水，亭台楼阁，鱼池小垂随处可见，令人流连忘返，素有"青海小江南"美誉。此外，贵德温泉周边还有许多品质优良的景点，如贵德国家地质公园、贵德倚河园等，游客在泡浴温泉后，还可前往这些景点继续游玩。大柴旦温泉位于达肯达坂山下，冬日泡泉可以看见山顶的积雪，这是其他地区温泉很难见到的景象，因此大柴旦温泉被称为"离日月星辰、蓝天白云最近的温泉"。此外,温泉附近还有茶卡盐湖、雅丹地貌、万丈盐桥等诸多景点,都是驰名中外的自然奇观。药水滩温泉所在的湟中县玛脊峡谷风景秀丽,其中"石峡风情""金娥晓日""文峰滴翠""龙池月夜""湟流春发"等自然人文景观更是远近闻名,与药水滩温泉遥相呼应,成为湟中县的代表性旅游产品。

4. 民俗风情浓郁

青海省作为多民族地区,较好地保留了藏族、回族、土族、撒拉族、蒙古族等少数民族的风俗习惯,如土族的擂台会、丹麻戏会和庆丰收会;撒拉族的"拜拉特夜节""法蒂玛节""盖德尔节"等。习惯了大城市快节奏生活的游客来到青海可以了解并参与少数民族独特的生活方式,通过暂时变换生活节奏达到放松身心、缓解压力的作用,这也是青海省温泉旅游业的魅力所在。

(二)劣势(Weak nesses)

1. 温泉旅游产品开发特色不突出

现阶段青海省温泉旅游开发依然遵循传统路线,在洗浴、疗养方面做文章,即使有所拓展,也是在休闲娱乐方面,归根结底没有离开以温泉水为核心的发展思路,主题较为单一。温泉的开发与周边的自然风光以及民俗风情在开发、营销及宣传上联系不紧密。各温泉旅游地开发方式上相似,以简单的洗浴疗养为主,导致同质化严重,与全国其他地区相比缺乏明显的特色优势,难以吸引大量外地游客。

2. 温泉旅游品牌效应未凸显

首先,青海省温泉旅游地大多为个体开发经营,具有明显的家族式、自营式管理特点。这种各自为战的经营管理模式势必会阻碍全省温泉旅游业标准化建设。其次,青海省温泉旅游产品较少,花浴、酒浴、药浴、鱼疗等都是高端温泉旅游地必备的项目,在青海省却较少见到;对于老人、病人、儿童等特殊群体,各温泉旅游地也缺乏相应的泡浴项目。最后,青海省各温泉旅游地对自身品牌的营销力度不够,如缺乏与新浪、腾讯等平台的合作、旅游地网站缺乏日常维护等,这使得游客很难从网站上详细了解到青海温泉旅游地的相关信息。上述问题导致青海省温泉在西北地区乃至全国范围知名度不高。

3. 温泉旅游文化挖掘深度不够

与传统温泉疗养地不同，现代温泉旅游地不仅将目光局限于发掘温泉自身的疗养价值，而是将文化元素融入其中，让消费者领略自然界神奇的同时体验温泉文化的魅力。青海温泉旅游开发对文化的挖掘程度还远远不能达到游客的要求。以药水滩温泉为例，宾馆仅提供温泉洗浴与食宿服务，不能有效地将地域文化、民族风情与温泉旅游产品相结合，势必会导致温泉旅游地千篇一律，温泉开发难以充分发挥经济潜力。

4. 配套设施滞后

所谓旅游配套设施指旅游接待设施、购物设施、娱乐设施、基础设施等，既包括硬件设施，也包括软件设施，青海省在这方面仍有很大的改进空间。在硬件方面，诸如景区停车场、道路标识、App 开发等与其他景区相比均存在较大差距。在软件方面，接待服务人员整体素质不高，如解说能力、举止规范、紧急情况应变能力等都有待提高。有的温泉旅游地餐馆卫生条件差、旅馆简陋，商店里的货品不齐全，在温泉旅游淡季游客稀少，很多餐馆、商铺都关门闭店。

（三）机遇（Opportunities）

1. 健康体验旅游备受游客青睐

近年来，全球逐渐掀起了一股追求康体疗养的风尚。《2018 年全球健康经济监测报告》显示，在过去两年中，全球大健康产业增长了12.8%，市场规模从 2014 年的 3.7 万亿美元增长到 2016 年的 4.2 万亿美元，如今已逼近 5 万亿美元。健康行业已成为世界上最大、增长最快的行业之一。而处于全球十大健康行业第九位的温泉旅游业日益受到欧洲和中国在内的亚太游客的欢迎。在这一宏观形势下，青海省要把握机遇，大力发展温泉旅游，对发展经济，提升温泉影响力具有重要意义。

2. 政府大力支持

近年来青海省政府出台政策文件，大力支持发展温泉旅游，将温泉旅游建设作为青海省经济发展的推动力量。如 2018 年 6 月通过的《关于加快全域旅游发展的实施意见》明确指出，大力开发贵德、祁连、大柴旦等温泉旅游资源，增设娱乐设施及场所；推动"互联网 +

旅游"建设,以贵德等地为试点大力发展智慧旅游城市。这为青海省温泉旅游融入全域旅游提供了政策支持。

（四）挑战（Threats）

1. 市场竞争激烈

由于我国温泉资源十分丰富,各省纷纷大力开发温泉资源,使得国内温泉旅游地之间的竞争十分激烈。与青海省同处西北地区的陕西有华清池温泉、华山御温泉、眉县汤峪温泉、洽川处女温泉等,甘肃有通渭温泉、武山温泉、清水温泉等,新疆有五彩湾温泉、温泉县的"圣泉""天泉""仙泉"、古海温泉、沙弯温泉等,在西北地区具有一定的知名度。而青海省相对而言地处偏远,旅游季节性较强,旅游开发水平低,这使得其温泉旅游业在竞争中处于弱势地位,因此邻近省份的温泉开发势必会对青海省温泉旅游市场造成不小的冲击。

2. 可持续发展困难

温泉虽然是地表水深循环的产物,其由地表水渗入地下,经加热后涌出而成,理论上是可以无限使用的。但由于温泉水产生周期较长,这就面临着努力延长其使用期限的问题,即可持续发展问题。但青海省的温泉相关规章制度有待完善,经营者缺乏环境友好开发理念,导致温泉资源过度开采、尾水乱排放、地面沉降、水环境恶化、土壤污染等环境问题时有发生,可持续发展面临困境。

第三节　青海温泉旅游开发路径

本书分别从开发理念、开发模式、开发对策三个方面对青海省温泉旅游开发进行探讨,以期找到适合青海省的温泉旅游创新开发路径。

一　开发理念

（一）"天人合一"的开发理念

"天人合一"是指在人与自然和谐相处的前提下,对自然进行合理地开发和利用,以满足人类的需求。具体到青海省温泉旅游开发,应在尊重自然的前提下进行开发,并且将温泉旅游地定位为当地自然风光的有机组成部分，而不是孤立的个体，在人与自然和谐相处的前提下实现温泉旅游发展。青海省作为"中华水塔"三江源的所在地，是我国最大的水源地和国家重要的生态安全屏障，也是珍稀动植物栖息繁衍的家园，是国家主体功能区规划中的限制开发区。因此理应将"天人合一"的理念贯彻到温泉旅游地开发当中，将温泉开发与当地的自然环境和人文环境相融合。

（二）分区开发理念

将温泉开发融入青海省的五大旅游区，即青海湖旅游区、果洛川藏旅游区、三江源旅游区、可可西里生态保护区、柴达木盆地旅游区，凸显各地温泉的区域特色。

青海湖旅游区位于青海省东部，分布在该区的温泉主要有以药水滩温泉为代表的湟水流域地热区和以贵德温泉为代表的青海湖—哈拉湖地热区。该区经济发展程度较高，人口稠密，周边优质景点众多，温泉的开发要与国家5A级景区青海湖、塔尔寺等进行联合开发，在服务质量、品牌营销上下功夫，力求成为青海省示范性温泉旅游地。

果洛川藏旅游区位于青海省东南部，具有浓郁的川藏风情，分布在该区的温泉主要有白玉温泉、格萨尔温泉等。该区属于高原气候，低温缺氧，原始自然风貌保存较好。这些温泉可根据该区地理环境特点，打造以强身健体为主题的温泉旅游地，通过温泉洗浴舒筋活络，克服高寒缺氧的条件，增强人体免疫力。

三江源旅游区位于青海省西南部，分布在该区的温泉主要有巴塘热水沟温泉、囊谦温泉、泉华彩池等。该区河流交错、湖泊众多，但交通条件较差。该区温泉旅游的开发应在"小而精"方面着手，着重提升旅游地内部设施的便利性、完善性、美观性，以及工作人员的服务态度等。提高温泉尾水排放标准，减少对环境造成的影响。

可可西里生态保护区位于青海省西南部，是目前中国海拔最高、物种最为丰富、生态科研价值最高的自然保护区之一。该区自然环境恶劣，珍稀物种繁多，被国家列为禁止开发区域。虽然在乌兰乌拉湖附近存在出露温度达90℃的沸泉点，但仍不宜进行温泉旅游开发。

柴达木盆地旅游区位于青海省西北部，分布在该区的温泉主要有大柴旦温泉、祁连雪域温泉等。该区终年干旱少雨，荒漠戈壁辽阔，具有独特的盐湖景观和雅丹地貌。因此，对于该区域的温泉旅游开发应以欣赏当地自然风光为主，使游客产生在茫茫戈壁中惊现一汪清泉的眼前一亮之感，将其作为旅途中重要的中转站。

（三）系统开发理念

所谓系统开发理念，是指将旅游开发作为一个系统工程。从空间角度看，温泉旅游开发涉及客源地、旅游区和旅游通道三个区域，在其外围形成由政策、制度、环境、人才等组成的外部系统。温泉旅游系统开发，就是以温泉旅游业为主导，对旅游资源、生态环境、公共服务、政策法规、体制机制进行系统的优化提升。把温泉所在地的整个区域作为旅游区进行打造，实现旅游景区全域优化、旅游服务配套、旅游产业联动，最终实现资源有机整合、产业融合发展、公共服务共建共享的协调发展格局。

（四）可持续开发理念

温泉旅游业的可持续开发理念，是指温泉资源作为一种可再生性较差的资源，应在保护温泉资源的前提下进行开发。倘若盲目、无序地开发，会破坏生态环境，甚至导致温泉资源枯竭。因此，青海省温泉旅游开发一定要在科学的规划指导下进行，开发力度要在温泉资源可承受的范围内，才能确保实现温泉旅游的可持续发展。

二　开发模式

本书尝试提出适宜青海省的温泉旅游开发模式，概括为"五个结合"，即生态文化与温泉旅游相结合、历史文化与温泉旅游相结合、民族文化与温泉旅游相结合、宗教文化与温泉旅游相结合、医疗保健与温泉旅游相结合。

（一）生态文化与温泉旅游相结合

所谓生态文化，是指以崇尚自然、保护环境为基本特征，能使人与自然协调发展、和谐共生，促进实现可持续发展的文化。青海省自然资源丰富，风景名胜众多。各温泉旅游地在规划布局时应以当地自然条件为依托，将温泉旅游地建设与自然环境保护相结合。

《青海省生态旅游示范省创建方案与导则》指出，全省计划在2020年之前建成贵德县清清黄河—秀美千姿湖生态旅游示范区、坎布拉生态旅游示范区、孟达天池生态旅游示范区等 10 个省级生态旅游示范区。这 10 个生态旅游示范区基本涵盖了青海省所有的代表性风景区，在全省生态旅游发展过程中扮演着"排头兵"的重要角色。因此，将生态文化与温泉旅游相结合应以这 10 个生态旅游示范区为试点展开工作，重点发展贵德温泉、黄南尖扎温泉、循化隆扎温泉等位于生态示范区内的温泉。如贵德温泉可与黄河、千姿湖等生态旅游景区进行捆绑式开发，打造森林休闲娱乐、养生保健、康体运动项目。

（二）历史文化与温泉旅游相结合

所谓历史文化，是指以描述、总结人类社会发展进程为特征，能使人从中受到启发，对未来人类社会发展起指导与借鉴作用的文化。青海省早在数万年前的旧石器时代就已存在人类活动遗迹，历朝历代均在此设立行政机构。各温泉旅游地在规划布局中，应紧密结合当地历史文化资源，为温泉旅游增添人文气息与历史氛围。

目前青海省已发现的历史文化遗址主要有西宁沈那遗址、虎台遗址、民和马场塬遗址、喇家遗址，乐都柳湾遗址、同德宗日遗址，都兰塔温搭里哈遗址、门源永安古城等，其中大部分属于远古人类活动遗迹。因此，周边温泉旅游地可以将遗址元素融入其中，如在场馆内展出遗址中出土的代表性文物复刻品，播放遗址科普宣传片，搭建模拟遗迹场景供游客参观，推出打猎、取火、煮饭、住宿、盟会等先民生活体验活动，出售含有遗迹元素的钥匙链、贴纸、摆件、手机壳等纪念品，让游客全方位感受远古遗迹的独特魅力，了解先民的生产生活方式。

（三）民族文化与温泉旅游相结合

所谓民族文化，是指一个民族在与自然界进行物质能量交换过程中所总结和归纳的反映本民族生产生活特点的一系列经验与财富。倘若一个地区能够将本地民族文化与旅游业进行高效的融合，那么无论对民族文化的发扬，还是对旅游业的发展都具有极大的推动作用。

青海省作为我国重要的多民族聚集区，境内的少数民族主要有藏、回、土、撒拉、蒙古等族，丰富的民族文化资源为温泉旅游开发与民族文化融合提供了良好的条件。首先，青海省各民族具有不同的建筑风格，其中具有代表性的有三种，分别为牧区的"包房"或"帐房"、农业区的"庄窠"、青南地区的"碉房"或"碉院"。各温泉旅游地在建筑设计环节可以参考当地的民族建筑风格并加以融合，从而带给久居高楼大厦中的游客以耳目一新的感觉；其次，青海省有许多民族节日，如土族波波会、鸡蛋会、青苗会、花儿会，藏族热贡六月会、贵德梨花艺术节、玉树赛马节、格萨尔文化艺术节，蒙古族那达慕大会等。各温泉旅游地可举办相应的节日庆祝活动，向游客宣传民族文化，体现民族特色；再次，青海省各民族都有自己独特的美食，如土族的酩醯酒，回族的馓子、盖碗茶，藏族的糌粑、风干肉，撒拉族的油搅团、麦茶，蒙古族的手把肉、烤全羊、酸奶等。各旅游地可以在温泉地开设民族特色餐厅，供应当地特色民族美食，使游客感受舌尖上的民族文化；最后，青海省民族特产众多，如土族盘绣、藏族唐卡、回族剪纸、面花，蒙古族铜器、角雕等。各温泉旅游地可以将这些民族特产融入场馆中以进一步增加民族氛围，如在宾馆房间内布置带有盘绣的床上用品、装饰物等，在窗户或墙壁上张贴或悬挂剪纸作品，以角雕作品为装饰物，将铜器作为水盆、水壶等日常生活用品等，使游客切身体验少数民族的生活方式。

（四）宗教文化与温泉旅游相结合

所谓宗教文化，是指人类社会发展过程中形成的以信仰为核心的对人们的思想意识、生活方式等方面产生重要影响的文化。将宗教文化与温泉旅游相结合，能增添温泉旅游的人文底蕴，为大多数生活在世俗文化中的游客带来不一样的感受。

由于多民族的缘故，青海省宗教文化也极为浓厚。世界上重要的宗教如佛教、伊斯兰教、基督教、道教等教派在青海都有分布。各温泉旅游地开发过程中，应充分考虑当地宗教文化，如贵德温泉和玉树达那温泉所在地贵德、玉树，位于藏族、土族聚集区，佛教文化浓郁，可以在温泉地建设过程中通过建造仿佛教风格建筑、提供僧侣斋饭、于走廊房间等地悬挂包含佛教内容的字画、在温泉池旁立石介绍佛教典故等手段将佛教元素融入其中，设置煨桑祭台，让佛教徒先煨桑烧香，祭拜神泉，然后进行沐浴，充分彰显温泉的神秘感与仪式感。而对于地处回族、撒拉族聚集区的民和温泉而言，也可以类似的方法融入伊斯兰教元素，使得温泉旅游地多一分宗教色彩。

（五）医疗保健与温泉旅游相结合

所谓医疗保健，是指相关机构通过提供药浴、口服药物等相关服务来达到改善人体状况的过程。如今，快节奏、重压力、多污染的城市生活使人们的身体长期处于亚健康状态。温泉旅游地可以最大限度发挥温泉的保健疗养功效，让人们在休闲放松的同时改善身体状况，从而起到一举两得的效果。

泡温泉对于保养身体、抗拒病毒、治疗疾病都有着独到的效果。青海省的温泉在皮肤病、关节炎、消化系统疾病上具有独特治疗功效。温泉的医疗保健作用主要通过温度、压力、浮力的物力作用和各种化学成分的综合作用，达到康体保健的效果。温泉温度高于皮肤，既有刺激作用，也有镇静作用，对高血压和动脉硬化病人具有康复作用。温泉的压力和浮力，对肢体障碍的功能恢复极为有利。温泉中含有的钠、钾、镁、铁、硫等各种化学成分，对人体有不同的医疗保健功能。钾能使交感神经发生兴奋，可以扩张血管，提高机体抗病能力。镁能抑制大脑皮层兴奋性，对神经有镇静作用。铁是一种造血元素，对贫血、血色素低下的病症有很好的疗效。硫对关节病和皮肤病有一定的疗效。氡对心血管、神经系统、内分泌功能都有良好的影响，而且有一定的消炎作用。医疗保健与温泉旅游相结合可以采用泡浴和内服两种方法。在泡浴方面，要设计多样化的泡浴模式，充分发挥温泉的医疗保健功效，如扑打浴、足浴、交替浴、深水浴、浅水浴、冲浴、泥疗等方式。在内服方面，可根据温泉的特性有针对性地进行治疗，可采用饮泉疗法、吸入疗法、肠浴疗法等。充分开发设计温泉保健项目和产品，让游客在温泉旅游的过程中，达到保健疗养的目的。

三　开发对策

本书从择优开发、营造优良环境、打造温泉旅游品牌、加强温泉旅游配套设施建设及保障温泉资源可持续利用五个方面尝试提出适合青海省的温泉旅游开发对策。

（一）择优开发

温泉旅游开发受到诸多条件的限制，秉持"择优开发"理念可以有效地过滤次级温泉资源，从时空格局优化配置温泉资源①。青海省温泉重点开发对象为：一是"环夏都西宁旅游圈"内的温泉，该区为青海首府西宁市所在地，交通便利，周边景区资源丰富，且温泉水质优良，具有悠久的开发历史，优先开发水质较好的药水滩温泉；二是柴达木盆地，该区有盐湖、风沙地貌等瑰丽奇绝的自然风光，且大柴旦雪山温泉、祁连雪域温泉等区内著名温泉水质优良，适宜洗浴；二是果洛州地区，该区自然风光独特，民族风情浓郁，西海温泉等温泉资源质量较高。三江源地区虽然拥有较多的温泉资源，由于是中华水塔所在地，为限制开发区，温泉适宜小规模开发。而以可可西里为代表的生态保护区主要以生态环境保护和科学研究为主要目的，加之自然条件恶劣，故不宜进行温泉旅游开发。

（二）营造优良环境

温泉旅游的核心是温泉洗浴，但周边优美的环境对游客有很大的吸引力。各温泉旅游地在规划布局中，应根据当地自然环境特点，对温泉地进行生态改造，使之成为当地大环境系统中的有机组成部分。如位于坎布拉国家森林公园不远的尖扎温泉可以在附近大面积种植桦树、青海云杉等长绿树种，进而在小范围内营造森林小气候，使温泉与坎布拉国家森林公园融为一体。

（三）打造温泉旅游品牌

在全国各地纷纷开展温泉旅游产业建设的大背景下，如何凸显产业特色，提升产业竞争力，已成为温泉旅游业发展必须攻克的难题②，而打造温泉旅游品牌则是解决这一问题的有效手段。总览珠海御温泉、南京汤山温泉等国内著名温泉的发展历程可以发现，它们的成功在于科学定位品牌、找准目标市场、打造特色产品、进行高效营销等。因此，青海省温泉旅游地在开发过程中也应将这几个

---

① 吴必虎、徐斌、邱扶东：《中国国内旅游客源市场系统研究》，华东师范大学出版社 1999 年版。

② 刘思雨、王恒：《葫芦岛百大万美温泉旅游发展对策研究》，《现代商贸工业》2019年第 32 期。

方面作为抓手。首先根据温泉的资源品质及开发条件进行科学定位[①]；其次根据定位找准目标市场；再次打造特色温泉旅游产品，如特色泡浴方式等；最后是大力营销，通过报纸、杂志、广播、电视、网站等媒体宣传，与周边景点进行合作营销，研发温泉旅游地App，运营温泉旅游地微信公众号等，通过一系列设计，打造青海温泉旅游的品牌。

（四）加强温泉旅游配套设施建设

旅游的六要素是"食住行游购娱"，因此加强温泉旅游配套设施建设是非常必要的。温泉地的交通条件是影响其受欢迎程度的重要先决条件[②]。在经济较为发达的青海湖地区，也存在"最后一公里"的景区可达性问题，因此要不断完善交通设施，提升温泉旅游地的可进入性。其次是旅游地服务设施，主要包括基础接待设施、餐饮住宿设施、娱乐购物设施和景区内基础设施和服务质量。基础接待设施如景区直达车、配套旅行社的规划线路等，旨在提升接待档次和服务水平，让游客内心有宾至如归的旅游感受，可以有效提升旅游地的服务品牌[③]。餐饮住宿设施代表了游客的基本旅行需求，也是温泉旅游地的重要收入来源，餐饮住宿设施的水平极大地影响旅游地的基本形象。娱乐购物设施主要为游客提供多元化的趣味活动，可以有效带动温泉地相关产业的发展，产生更好的经济效益[④]。景区内基础设施对游客的旅游体验非常重要，例如景区内交通体系的便捷性、解说系统和信息引导系统的全面性等。服务质量也直接影响游客的体验与满意度。温泉旅游地可以委托旅游相关的高校和职业院校，定向培养温泉管理的专业人才，多方面强化从业人员的素质，提升温泉旅游地的服务质量。

① 王玲、曾驰：《中国现代温泉产业发展展望——温泉产业4.0》，《中国市场》2019年第26期。

② 姜太芹、杨积典：《优质旅游发展视阈下温泉旅游品牌建设路径探索——以云南省保山市为例》，《西南石油大学学报》2019年第4期。

③ 张颖辉、王慧：《优质旅游视角下辽宁温泉康养旅游提升路径研究》，《中国林业经济》2019年第4期。

④ 徐平、王友文：《海南国际旅游岛与伊犁国际旅游谷温泉康养旅游联动发展研究》，《伊犁师范学院学报》2019年第2期。

（五）保障温泉资源可持续利用

温泉旅游开发建立在温泉资源可持续利用的基础上[1]，因此，保障温泉资源可持续利用是必须遵循的基本准则。作为监管者，进一步出台一系列相关制度政策，如温泉开发管理条例、温泉水资源保护条例等，将监管深入温泉旅游产业开发运营中的每一个环节。在各温泉旅游地建立地下水位、出水量和水温监测系统，实施长期监动态管，并根据这三项指标的变化状况制定各温泉旅游地的开采量。如发现经营者有违规开发行为，须立即实施处罚措施并在全行业内进行通报批评，严重者取消其经营资格[2]。作为经营者，在温泉旅游地规划中要有意识地进行保护性开发，如根据旅游地客流量变化规律进行旺季、淡季划分，在淡季关闭部分温泉池，创新开发其他娱乐项目，或在每个工作日中分时段开放温泉池，以节约温泉资源等。

———————

　① 邓婉琦：《分析中国温泉旅游的发展现状及趋势》，《智库时代》2019年第21期。

　② 苏会、杨钊、杨效忠：《安徽省温泉旅游区的品牌建设与营销策略研究》，《云南地理环境研究》2019年第2期。

第六章　宁夏地热资源及温泉旅游开发对策

第一节　宁夏地热形成的区域地质背景

宁夏地处我国东西部两大不同性质构造单元的衔接和过渡带，属于我国南北地震带和地热带北段，地热资源属于中低温传导型地热资源。宁夏地热资源分布呈现出以银川地区为中心向周边地区辐射的特点。地热资源丰富，埋藏浅，易于开采。地热水的分布与地质构造和水文地质条件密切相关，本书从地质构造和水文地质条件两个角度对宁夏地热形成背景进行梳理。

一　地质构造条件

宁夏地处华北陆块和秦祁昆造山带的接合部位，属稳定块体与活动带之间的过渡地区。据《宁夏回族自治区区域地质志》①记载，宁夏历史时期的构造可划分为 1 个一级构造单元（柴达木—华北板块），3 个二级构造单元（华北陆块、阿拉善微陆块、祁连早古生代造山带），3 个三级构造单元（鄂尔多斯地块、腾格里早古生代增生楔和北祁连中元古代—早古生代弧盆系）。而第四纪以来的新构造运动对地热资源的聚集、分布具有更重要的影响。宁夏新构造运动主要分布在银川盆地和宁南地区，前者具备地热资源形成的储、盖、通、源条

---

① 宁夏回族自治区地质矿产局：《宁夏回族自治区区域地质志》，地质出版社 1990 年版。

件，属于中低温传导型地热资源，地热来源于壳幔热流；后者受东、西两侧构造单元挤压，地下水活动频繁，加之具有良好的储热条件，形成了较为丰富的地热资源。根据不同地质构造对地热资源的控制作用①，从地层、深部构造、基地构造和活动断裂四个方面分析银川盆地和宁南地区地热资源形成的地质构造背景。

（一）地层对地热资源分布的影响

所有形成层次且层内有共同的特性，层外有显著差异的岩石都可以称为地层。"地层"这一概念含义甚广，岩石无论固结与否，层与层之间是通过明显沉积界分开还是由不明显的矿化成分界分开，都属于地层的范畴。

对于银川盆地而言，其在地层构造上被命名为"银川地堑"，该构造位于鄂尔多斯周缘活动断裂带上，是连接我国东西部两种迥异构造的重要过渡区域。由于受到不同构造活动的剧烈碰撞，"银川地堑"地下水运动十分活跃，从而形成了银川盆地地热资源的基础。

银川盆地内的新生代地层具有很大的厚度，其最高处超过了7000m，而纵向的岩层特性变化同巨厚地层一起形成了地热水储存的条件。银川盆地内的沉积层呈现出"中心厚、边缘薄"的饼状特征，其中部厚度达到了2000m，而南部与北部仅为1600m左右。岩层分布主要为砾石层、砂砾层、砂夹黏土层等，此种岩层分布使得银川盆地沉积层结构较为松散，易受到冲击挤压的影响。松散的岩层分布使得天然降水很容易流入地下从而被储存起来，而剧烈的地质运动则促进了地下水的流动，上涌的热流对地下水产生了明显的加热作用，上方的巨厚盖层则有助于地下水的保温。

对于宁南地区而言，冲积层主要分布于各条河流中，如葫芦河、红河等，以及南华山、香山等山麓地带。厚度较大的沉积层中既有由粗碎屑物质组成的高孔隙、高渗透性的储集层，又有由细粒物质组成的隔热、隔水层，起着积热保温的作用，故十分有利于地热水的形成与储存。相对而言，宁南地区的沉积层厚度较薄，不利于地热水的储

---

① 汪琪：《宁夏地热范围圈定与资源量评价》，硕士学位论文，中国地质大学，2015年。

温，导致宁南地区地下水普遍温度较低。

（二）深部构造对地热资源分布的影响

深部构造又称内壳构造，指位于地壳中经过长期积压加热所形成的构造。此种构造主要分布在山体中央部位。

对于银川盆地而言，其岩石圈厚度相比于周边地区如内蒙古阿拉善左旗、乌审镇等较薄，仅为57km左右，不到后两者岩石圈厚度的一半。在石嘴山—六盘山一带呈现隆起特点，局部厚度可达110km。相关研究表明，该隆起大致形成于新生代早期，当时由于银川盆地发生断陷，导致地壳岩浆上涌形成隆起，这为银川盆地地热资源提供了优良的热储条件。

对于宁南地区而言，由于处于过渡与衔接地带，因此该地区构造呈现出多种特点，既有类似于鄂尔多斯地带的断陷特征，也有青藏高原地带的隆起特征。断陷形成的地堑构造有利于地下水的活动，而隆起地带不同位置的岩层致密度不同，从而导热率存在差异。在隆起地带下方，岩层结构较为疏松，有利于地热的传导，而隆起部位致密的岩层则有效防止了热量的散逸，二者共同作用促进了宁南地区地热的形成。

（三）基底构造对地热资源分布的影响

所谓基底构造，是指受到变质作用的带有褶皱特点的岩石所形成的构造层。

对于银川盆地而言，其基底构造被称为"凹中隆"，这在我国北方地区较为常见。目前在盆地内已发现13处"凹中隆"构造，此种构造使得地热温度产生差异，即隆起部位温度较高，凹陷部分温度较低，典型例子为永宁—黄羊滩地区，其隆起部位地热水温度比凹陷部位地热水温度高大约10℃。

对于宁南地区而言，由于受东西方向挤压冲击程度剧烈，使得该区基底构造呈现出分布不均的特点。该区新生代古近系、新近系基底构造位于断裂带两旁，体现出来自东北、西南方向上的冲击运动。在冲击过程中形成的巨大裂隙有利于天然降水流入地下，从而以地下水的形式储存。

（四）活动断裂对地热资源分布的影响

活动断裂的活动主要有两种，一种是通过地震产生不连续不规律的滑动，被称为发震断层，也叫黏滑断层。另一种则表现为连续性滑动，被称为蠕变断层或蠕滑性断层。

对于银川盆地而言，由于地热现象伴随着热流体从地壳深处上涌至地表附近，因此查明地热流体的上升通道，即该区域内的活动断裂分布及结构特点就显得十分重要。勘探资料显示，银川盆地内的活动断裂主要为北北东方向，共有八条大型断裂带。位于盆地中部深陷带两侧的活动断裂带分别为银川活动断裂带和芦花台活动断裂带。而盆地内的高低温区域走向也与这两条断裂带一致，为北北东方向。

对于宁南地区而言，其内部活动断裂带走向呈现为西北—东南走向，这些断裂带大多为高山与盆地的交界点。宁南地区主要的活动断裂带有三处，分别为海原活动断裂带、天景山北麓—尖山墩东麓活动断裂带以及牛首山—罗山东麓—三关口活动断裂带。断裂所形成的裂隙经过不断的错动和拉张，其张开性和连通性逐步增大，加上断裂本身的压扭作用，最终形成裂隙网络系统。通过早期的控热构造断裂与深部热源沟通，为地下水进行深循环热交换提供了良好的构造条件，构成了地下热水的补给、径流、储存的主要通道和空间。

二　水文地质条件

所谓水文地质条件，是指地热形成所依赖的地下水物理化学性质及其运动特点。水文地质条件在很大程度上决定了地下水的分布和形成规律①。

（一）银川盆地

作为典型的断陷盆地，银川盆地内部的断陷方向均为北北东方向，而结构松散的地层经过滑动从两侧向中心滑动，使得盆地地层结构呈现明显的阶梯状特点。盆地周围高山群立，如贺兰山海拔超过3500m，其与盆地海拔差达到了2300m。这种悬殊的海拔差十分有利于大气降水由山地向盆地汇集，而盆地内阶梯形地层结构又能使盆地周围的积水向中央汇集。

大气降水从贺兰山前的冷水带向长条形的银川盆地汇集过程中，

---

①　陈立、张发旺：《宁南地区地下水系统划分方法研究》，《南水北调与水利科技》2007年第5期。

水温逐渐上升，这对盆地整体的地温场产生了显著影响。随着地下水逐渐向盆地深处运动，贺兰山的冷水带作用就越来越小，而盆地内部的地热层对地下水的加热作用则越来越明显。这一方面源于地热供应充足，另一方面则与岩层厚度增加，压力增大，地下水流速下降，从而能够得到充分的加热有很大的关系。

（二）宁南地区

宁南地区的水文地质条件总体上可以概括为：地下水储量小、分布不均。以牛首山和罗山为界，可以将整个宁南地区分为东、西两部分，东部为鄂尔多斯台地，西部为宁南弧形构造带。鄂尔多斯台地所覆盖的条形区域被称为"南北古脊梁"，主要由彭阳、盐池两个拗陷带组成。勘测资料显示，彭阳拗陷带储水量可观，但水质方面还需要进一步的勘测工作加以分析[①]；盐池拗陷带地下水主要靠天然降水补给，因此储水量相对有限。此外，由于岩层致密程度不一，使得地下水分布也呈现出不均匀的特点。宁南弧形构造带沿东北—西南方向呈现出显著的山地、盆地交错分布的特点。就香山、牛首山、六盘山、米缸山等山地而言，长期受风沙侵蚀影响，地层岩石普遍出露，结构致密度较低，故能够充分保存天然降水的补给。香山和牛首山地区的地下水储量较为丰富。而在六盘山、米缸山等地区，虽然致密度较低的岩层结构能够有效吸收天然降水，但由于巨大的蒸发量，使得该区地下水储量相对稀少。

第二节　宁夏地热资源概况

本书通过分析宁夏地温场特征、热储分布特征以及地热分布区，为地热资源评价及研究提供基础依据。

一　地温场特征

一个地区的地温场特征主要由该区的温泉、地热井数据所反映[②]。

---

① 伏总强：《宁南地区水资源潜力分析》，《安徽农业科技》2013年第29期。
② 李志红：《银川平原浅层地温场和水化学特征及其影响因素研究》，硕士学位论文，中国地质大学，2014年。

研究地温场不仅可以揭示地热资源的形成演化动力学成因，还可以探索地热资源的分布特征。

（一）温泉

宁夏温泉数量相对较少，且水温普遍较低，属于低温温泉。宁夏温泉的水温、流量、热储时代、水化学类型等主要特征如表 6.1 所示。

表 6.1   宁夏温泉特征

泉名称	所在地	水温（℃）	流量（m³/d）	热储时代	水化学类型
楼房沟泉	固原市	23.7	163.64	K1	SO_4/HCO_3 – Na
臭温泉	青铜峡市	26.5	1584	J2	Cl/SO_4-Na
泪泉	中卫市	—	48	Q	HCO_3-Ca/Mg/Na
天山海世界温泉	银川市	37	3200	N	HCO_3-Mg/Ca
庙山湖泉	吴忠市	17	2760	Q2	Cl/SO_4-Na
鸽子山泉	青铜峡市	20	1225	O2	$Cl/SO_4/HCO_3$-Na
大庄温泉	固原市	31	1300	Q	HCO_3-Ca
灵武大泉	灵武市	15.5	147.7	N	Cl/SO_4-Na
暖泉	银川市	14	480	Q	HCO_3-Ca
太阳山泉	吴忠市	20	6000	—	Cl/SO_4-Na
沙温泉	银川市	63	2600	—	Cl/SO_4-Na
天沐温泉	银川市	52	2100	—	HCO_3-Ca/Mg/Na

资料来源：根据《宁夏地热成果报告》数据整理得出。K1 指下白垩纪、J2 指中侏罗纪、N 指上新纪、O 指奥陶纪、Q 指更新纪，下同。

（二）地热井

1. 大地热流值

大地热流值简称热流，指单位时间单位面积内由地下传输至地表，而后散逸到太空中去的热量，单位为 $\mu cal/(cm^2 \cdot s)$，英文缩写为 HFU。该指标能够直接反映一个地区的地温场特征，因而是地热核心指标之一。宁夏目前已知的地热井有三处，Y1、Y3 地热井位于银川市，NSR – 1 地热井位于石嘴山市。表 6.2 列示了宁夏 Y1、Y3 地热井的地温梯度、导热率以及大地热流值（NSR – 1 地热井数值缺失）。

表 6. 2　　　　　　　Y1、Y3 地热井大地热流值

时代	Y1			Y3		
	地温梯度（℃/100m）	导热率（TCU）	大地热流值（HFU）	地温梯度（℃/100m）	导热率（TCU）	大地热流值（HFU）
Q	1. 86	4. 88	0. 91	1. 60	4. 88	0. 78
N	1. 91	5. 06	0. 96	1. 74	5. 69	0. 99
N	2. 40	11. 73	2. 83	2. 08	11. 83	2. 46

资料来源：根据《宁夏地热范围圈定与资源量评价》数据整理得出①。

2. 地温梯度

地温梯度指每向地下延伸一米温度上升的幅度。由于岩层厚度、结构的差异，地温并非随深度增加而均匀上升，因此地温梯度表明了一个地区地温的变化速度②。从宁夏 Y1、Y3、NSR – 1 地热井的分段地温梯度数据，可以发现宁夏三处地热井的地温梯度均位于 1—3℃/100m 区间内，属于正常范围（见表 6. 3）。

表 6. 3　　　　Y1、Y3、NSR – 1 地热井分段地温梯度计算结果

时代	Y1 井			Y3 井			NSR – 1 井		
	厚度（m）	地温差（℃）	地温梯度（℃/100m）	厚度（m）	地温差（℃）	地温梯度（℃/100m）	厚度（m）	地温差（℃）	地温梯度（℃/100m）
Q	1010	18. 19	1. 86	885	14. 05	1. 60	1094	16. 07	1. 47
N	888	8. 60	1. 91	775	13. 42	1. 74	539	11. 15	2. 13
N	400. 67	7. 37	2. 40	446. 67	9. 38	2. 08	2958	25. 27	1. 89
E	—	—	—	—	—	—	301	10. 51	3. 49

资料来源：根据《宁夏地热范围圈定与资源量评价》数据整理得出③。

---

① 汪琪：《宁夏地热范围圈定与资源量评价》，硕士学位论文，中国地质大学，2015 年。
② 李华强：《大地电磁测深在地热资源勘查中的应用研究》，《勘察科学技术》2013年第 6 期。
③ 汪琪：《宁夏地热范围圈定与资源量评价》，硕士学位论文，中国地质大学，2015年。

二 热储分布特征

热储层指位于地下的致密度较低的岩体、地层或构造，它是地热资源天然的"仓库"。通过分析宁夏地热形成条件及分布特点，可以发现宁夏地区地热分布不均匀。银川地区地下储水量丰富，且地下水能得到充分加热，因而水温较高；宁南地区地层结构复杂，地热水储水量较小，且由于地层较薄，导致水温较低。

（一）银川地区

银川地区的热储层主要有新生代的干沟河地层（新近系上新统）、彰恩堡地层（新近系中新统）、清水营地层（古近系）及古生代的奥陶系地层。银川地区地层呈现"中心厚，边缘薄"的铁饼形，中心厚度普遍超过1000m，最大处达到了2500m（彰恩堡地层）。勘测资料显示，银川地区盖层厚度普遍在1000m以上，上部的盖层结构则是防止地下水过度蒸发和热量向外散逸的有效屏障。热储层厚度与埋深呈现正向关如厚度较大的彰恩堡地层和清水营地层，其埋深分别大于5000m和6000m。如此大的埋深也为地下水提供了理想的加热条件，从而形成了丰富的地下水储量。

（二）宁南地区

宁南地区由于地形较为复杂，热储包含多种类型，如沉积盆地孔隙型、断裂带式开放型等。沉积盆地孔隙型主要分布在卫宁平原、牛首山和烟筒山—瑶山断裂之间的平原区，具有厚度较大的第四系岩层，岩层下方分布有新近系中新统地层，具有良好的含水性。断裂带式开放型主要分布在庙山湖盆地、天景山北麓—尖墩山东麓活动断裂带、牛首山—罗山东麓—三关口活动断裂带及六盘山活动断裂带。这些区域长期伴随着剧烈的地质活动，在拉伸、挤压作用下形成了密集而广大的裂隙，从而为地下水营造了良好的储藏条件，而底部的低致密度层则有利于地下水升温。

三 地热分布区

本书利用大地电磁测深法的研究成果①，结合地热形成的地质背景分析，对宁夏热储区进行分析。宁夏目前共发现 4 个地热田和 4 个地热远景区，主要分布于银川平原、卫宁平原和六盘山—龙首山断裂带。

（一）银川平原

银川平原位于宁夏中部黄河两岸，面积约 1.7 万平方公里。分布于此的潜在地热区主要有银川平原地热田和庙山湖地热田。银川平原地热田有较多的张拉断裂，有利于深部地热向上传导。深部热水通过断裂被带到浅层地壳，使浅层地下水升温，较厚的覆盖层能起到很好的保温作用。庙山湖地热田有较厚的沉积层，保温作用明显，较低的致密度又通常富水，故同时具有储水、储热功能。

（二）卫宁平原

卫宁平原位于宁夏中西部中卫市沙坡头至青铜峡之间的黄河两岸，面积约 1.7 平方公里。分布于此的潜在地热区主要有卫宁平原以南牛首山—罗山冲断带地热田、卫宁北山地热远景区、罗山山间平原地热远景区和天环向斜地热远景区。卫宁平原以南牛首山—罗山冲断带地热田的地层含水性较好，属于沉积盆地孔隙性地热田。卫宁北山地热远景区下方的大井断裂向深部延伸，有利于天然降水流入地下。此外，致密度较低的岩层导热较好，有利于地下水加热。罗山山间平原地热远景区和天环向斜地热远景区具有低致密度层。此外，在腾格里地块的天环向斜下方存在一低致密度区域，该低阻区一直向下横向延伸，其上方有一高致密度区，可起到保温作用。

（三）六盘山—龙首山断裂带

六盘山—龙首山断裂带位于宁夏南部，分布于此的潜在地热区主要有双井—楼房沟断裂带地热田和六盘山地热远景区。双井—楼房沟断裂带地热田位于烟筒山—瑶山断裂带，属于腾格里增生楔的一部分，该断裂带的双井泉温度 27℃，楼房沟温泉温度 24℃，属于断裂带开放式地热田。六盘山地热远景区位于六盘山断裂带，该地热田下

---

① 汪琪：《宁夏地热范围圈定与资源量评价》，硕士学位论文，中国地质大学，2015 年。

方和附近的腾格里增生楔下方均为低阻高导区，显示富水，埋深大。

第三节　宁夏温泉旅游开发对策

一　温泉旅游开发现状

（一）宁夏旅游业概况

作为我国西北五省之一的宁夏，近年来经济得到了长足的发展。这种发展一方面表现在经济规模的不断扩大上，即生产总值由 2000 年的 690.32 亿元增至 2018 年的 3705.18 亿元，增加了 5 倍；另一方面则表现在产业结构的不断优化上，即一、二、三产比例由 2000 年的 11：64：25 变为 2018 年的 8：44：48。而作为引领消费新风向的旅游业，同样发展迅猛。图 6.1 列示了 2000—2017 年宁夏旅游业接待人数和外汇收入的变化情况，由此可知，无论是旅游接待人数还是外汇收入，宁夏旅游业都显示出明显的上升趋势，且近年来呈现高速增长态势。宁夏旅游业的发展对于第三产业，乃至整个地区经济的发展都具有不可忽视的推动作用。

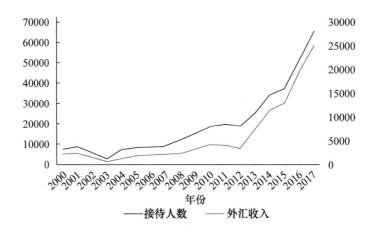

图6.1　宁夏旅游业接待人数（人次）与外汇收入（万元）变化情况

资料来源：根据历年《宁夏统计年鉴》整理得出①。

---

① 宁夏回族自治区统计局、国家统计局宁夏调查总队：《宁夏统计年鉴》，中国统计出版社 2001—2018 年。

近年来，全球逐渐掀起了一股追求康体疗养的风尚。《2018 年全球健康经济监测报告》显示，健康行业已成为世界上最大、增长最快的行业之一①。而处于全球十大健康行业第九位的温泉旅游业则日益受到欧洲和包括中国在内的亚太游客的欢迎。作为丝绸之路必经之地，宁夏在国家"一带一路"倡议中起着关键的支点作用。在此背景下，充分利用国家相关政策积极扩大开放，是促进包括温泉旅游在内的宁夏旅游业向国际化方向发展的重要手段②。基于国内外的双重机遇，宁夏政府近年来加大了温泉旅游行业的支持力度，积极促进当地旅游业持续发展，使得这一既包含历史渊源，又焕发现代光彩的温泉旅游业成为宁夏旅游发展新的推动力。

（二）宁夏名泉简介

1. 楼房沟温泉

楼房沟温泉位于宁夏固原市泾源县黄花乡境内。温泉水温 24℃，可开采量达到 163m³/d。温泉水质清澈透明，但散发着臭鸡蛋的味道，是由于泉内的 H_2S 含量达到 4.01mg/L，属于典型的硫化氢温泉。楼房沟温泉水质优良，各种矿物质以及微量元素含量都十分丰富，符合国家医疗矿泉水标准，是宁夏开发利用价值较高的一个温泉。温泉地处六盘山自然保护区，自然环境优美，气候温和宜人，是绝佳的旅游胜地。

2. 双井温泉

双井温泉位于固原市甘城乡境内。该温泉水温 27℃，水质优良，同楼房沟温泉一样符合国家医疗矿泉水标准。

3. 太阳山温泉

太阳山温泉位于宁夏吴忠市东南 90 余千米的盐池县惠安堡南侧太阳山山脚下，温泉水温 21℃，水质优良，符合国家医疗矿泉水标准。太阳山温泉早在东汉时就很有名，郦道元《水经注》记载："（三水）县东有温泉，泉东有盐池。"唐代还曾在这里设置温池县，

————————

　　① 张志刚：《温泉旅游文化创意：辽宁的机遇、难题和路径》，《理论界》2016 年第 11 期。

　　② 吴必虎、徐斌、邱扶东：《中国国内旅游客源市场系统研究》，华东师范大学出版社 1999 年版。

"温池"之名就是由温泉和盐池各取一字而来。但后来随着气候变化及人类不合理的开发利用,太阳山温泉无论泉眼、出水量都出现急剧下降,如今仅存明代"制府行边暂憩之所"和"暖泉亭"遗址,供游客考古怀旧。

4. 庙山湖温泉

庙山湖温泉位于宁夏青铜峡市广武乡境内,距市区 12km。泉水温度约 14℃,自然泉眼 20 多处,主要分布在湖水底部。泉水清洌,流量较大,日出水量达 4000m³。水中含有多种对人体有益的矿物质,有"神水宝泉"的美誉。

5. 鸽子山温泉

鸽子山温泉位于宁夏青铜峡市西北 20km 处的瞿靖镇玉西村,共有泉眼五口,水温均不超过 30℃,水质清澈。其中一泉眼边有一块形状像卧牛的巨石,当地人称此泉为卧牛泉。温泉附近存有著名的新石器文化遗址,具有重要的考古研究价值。

6. 天沐温泉

天沐温泉位于宁夏银川市西夏区镇北堡镇,距离银川市区 35km。温泉中富含钙、钾等有益于人体健康的矿物质,温泉泡池种类多样。天沐温泉度假村建筑风格融西北地区民俗风情与现代潮流于一体,温泉度假别墅、商务会客室、豪华餐厅、酒吧间等各式场所一应俱全。

7. 檀溪谷温泉

檀溪谷温泉水温 55℃,含有钠、镁等微量元素。檀溪谷温泉会馆位于宁夏银川市兴庆区掌政镇境内,与被誉为"中国六大湿地公园之一"的国家 4A 级景区鸣翠湖国家湿地公园相邻。会馆集水上乐园、温泉养生、休闲度假、商务会议、观光旅游、垂钓娱乐于一体,是综合性的大型温泉旅游地。

8. 沙温泉

沙温泉位于银川市兴庆区掌政镇。温泉水采自地下 2500m 深处的天然地热层,出水温度达 63℃,富含多种对人体有益的矿物质元素,属优质温泉。沙温泉度假村室内泡泉场馆风格兼具西北大漠风情与亚热带雨林风光。泡浴池种类多样,共计 70 余种,有游泳池、儿童戏水池、亲亲鱼疗池、沙浴池、海盐池、决明子池等。温泉区占地面积

5 万 m^2，可同时容纳千余人。

二 温泉旅游开发对策

本书根据《宁夏十三五旅游业发展规划》和《宁夏关于加快全域旅游示范区建设的意见》等政策文件，对宁夏旅游业的总体发展规划进行梳理，并在此基础上探讨宁夏温泉旅游在总体旅游发展中的定位。

宁夏全域旅游发展格局可概括为"一核两带三廊道七板块"。所谓"一核"，是指将银川建设成为宁夏全域旅游核心区，发挥全区旅游集散中心和咨询服务中心城市的作用；所谓"两带"，是指建设黄河金岸旅游带和古城历史文化带；所谓"三廊道"，是指打造贺兰山东麓葡萄文化旅游廊道、清水河流域丝路文化旅游廊道、古军事文化旅游廊道；所谓"七板块"，是指提升和再造大沙湖度假休闲板块、西夏文化旅游板块、塞上回乡文化体验板块、边塞文化旅游板块、大沙坡头度假休闲板块、韦州历史文化旅游板块、大六盘红色生态度假板块。由于宁夏温泉资源相对较少，无论是规模还是影响力都无法成为宁夏旅游的支柱力量。因此，本书将宁夏温泉旅游作为全域旅游发展起重要烘托作用的一环来对其进行定位。

（一）温泉旅游融入"一核"

对于宁夏全域旅游核心区域的银川而言，其交通、住宿、娱乐等方面代表着宁夏的最高水平，应作为宁夏旅游的名片和代表。因此，银川周边的温泉如檀溪谷温泉、天沐温泉、沙温泉等应凸显国际化与现代化，以打造高端温泉旅游产品为目标。在硬件设施方面，开设直通河东机场、银川火车站的温泉旅游专线；在软件设施方面，温泉旅游地服务人员须经过严格筛选与培训，具备扎实的专业技能，如掌握温泉的基本知识、提供人文化和个性化的服务①。

（二）温泉旅游融入"两带"

对于"两带"中的黄河金岸旅游带而言，围绕黄河打造集观光、

---

① 刘思雨、王恒：《葫芦岛百大万美温泉旅游发展对策研究》，《现代商贸工业》2019年第32期。

历史、生态于一体的多元旅游业是其主要发展方向，而温泉旅游在其中承载着重要的使命。以天山海世界为代表的温泉在今后发展中应设立多个目标，一是打造成西北高端水上休闲度假村；二是成为宁夏黄河风情旅游线上的重要一环；三是与沙漠旅游联动，推出"温泉＋沙坡头＋腾格里沙漠湿地"旅游线路，使游客获得丰富的感官体验。对于"两带"中的古城历史文化旅游带，其发展重点为文化历史旅游。周边的温泉旅游地如韦州古城附近的盐池温泉、灵州古城附近的沙海温泉等也应以宣传推广古城景点为发展方向，如场馆建筑按照古城风格进行装修，走廊中摆放古城出土文物复制品，售卖含有古城元素的纪念品等。

（三）温泉旅游融入"三廊道"

对于"三廊道"中的贺兰山东麓葡萄文化旅游廊道而言，主要以葡萄酒文化为主打特色。周边的温泉旅游地如镇北堡温泉应融入葡萄酒元素，如带领游客参观葡萄酒庄，摄制纪录片介绍葡萄酒酿造过程，开发葡萄酒浴产品，特价售卖葡萄酒产品等；对于清水河流域旅游廊道而言，其定位是打造融历史、红色等元素为一体的宁夏南部旅游区，周边的温泉旅游地如固原九号温泉、大庄温泉等就应挖掘历史文化、红色文化，如在门廊、大厅等处摆放须弥山石窟微缩造像，在温泉池畔安置刻有须弥山石窟历史的大石。在墙壁上悬挂与长征有关的图片、浮雕、文字等，供游客学习①；对于古军事文化旅游廊道而言，其特色也十分鲜明，周边的温泉旅游地如东海温泉等可以将军事元素融入其中。

（四）温泉旅游融入"七板块"

对于"七板块"而言，其周边温泉旅游地的发展思路仍是传播所在区域内的核心景点元素。如大沙湖板块的休闲度假娱乐元素、西夏板块的文化旅游元素、塞上板块的回乡文化体验元素、边塞文化旅游板块、大沙坡头度假休闲板块、韦州历史文化旅游板块、大六盘红色生态度假板块。各温泉旅游地应在尊重自然的前提下进行规划布局，

---

① 周万鑫、杨玉新：《营口虹溪谷温泉度假景区旅游营销策略研究》，《商业经济》2019年第1期。

并且将温泉旅游地定位为当地自然风光和人文底蕴的有机组成部分，而不是孤立的个体①，实现温泉旅游产品的深度开发。在自然景观方面应融入"黄河""沙漠""鸟岛""绿洲"等元素，在文化方面要凸显西夏文化、边塞文化、历史文化和红色文化，使温泉与当地生态环境和文化环境融为一体。

---

① 万龙：《温泉旅游产业可持续发展能力研究——以湖北咸宁温泉旅游为例》，博士学位论文，中南财经政法大学，2018年。

第七章　西北地区地热资源发展战略

地热被誉为 21 世纪最具开发价值的绿色环保能源之一，世界 110 个国家在开发利用，且每年以 12.8% 的速度在递增。2013 年我国印发了《关于促进地热能开发利用的指导意见》，成为首次专门针对地热资源科学发展的指导性政策。2017 年，国家发改委等部门联合发布了我国地热"十三五"规划，对地热产业的快速健康发展起到了极大的推动作用。西北地区地热资源较丰富，开发潜力较大。在开发过程中，地热资源的可持续发展是开发利用的基础，多元化利用是关键，产业化发展是趋势。

第一节　地热资源可持续开发

地热是经过漫长的地质历史过程形成的，热源来自大地热流，水源主要依靠大气降水和浅层地下水补给，补给量有限。随着开采量的迅速增加，会引起地下水位下降、地面沉降、环境污染等现象的发生，所以地热资源在开发利用的过程中要重视对地热资源的保护，才能达到可持续利用。

一　地热开发利用的环境问题

地热资源作为一种替代能源，它与常规能源相比是廉价的和清洁的。地热开发产生蒸汽的成本是化石燃料的一半以下，从减少传统能源在热转换过程中的能耗来说，地热资源的社会经济效益更高[1]。同

---

① 申建梅、陈宗宇、张古彬：《地热开发利用过程中的环境效应及环境保护》，《地球学报》1998 年第 4 期。

时，地热资源排放污染物水平比常规能源要少得多。传统的化石能源在发电取暖时，都不可避免地排放大量的 CO_2、SO_2、NO_x、粉尘等废弃物，会引起温室效应、酸雨、空气污染等一系列问题。而利用地热能可以有效地缓解温室气体排放的压力，减少对生态环境的污染，调整能源结构。虽然地热开发会带来良好的经济和环境效应，但在地热开发中也会产生一些环境问题，如水资源枯竭、尾水排放引起的环境污染、地面扰动及沉降。

（一）水资源枯竭

地热资源的分布具有明显的地域性和分带性规律，通常沿着断裂破碎带呈带状分布。西北地区深居内陆，地热资源多属于中低温资源，除了陕西省可开采水量位列全国第八外，其余四省都处在全国的末位①。地热资源在开发过程中，由于经营粗放，资源利用率低，造成资源的浪费。很多温泉景区随着游客的增加，已经出现破坏性开发的苗头，有的温泉没有回灌井，导致地下水位不断下降，水温降低，甚至面临水资源枯竭的危险。

（二）环境污染

地热资源虽然是一种清洁能源，但在开发利用过程中由于地热水温度相对较高，会产生热污染。地热水中含有大量的矿物质和化学元素，会导致化学污染。长期的地热水地开采还会引发地面沉降、地震等环境问题。

1. 热污染

热污染指排放温度较高的地热尾水，使得周边环境温度升高，影响生物生长。西北地区的地热资源利用方式单一，热能利用后的尾水温度仍然很高。若地热尾水渗入河流，会打破原有的平衡，消耗水中的氧气，影响水生动植物的生长发育。若地热尾水渗入河流湖泊会加速含氮有机物的分解，引起水体的富营养化。若地热尾水渗入周边的土壤中，使土壤水分蒸发作用加快，造成土体失水，对西北干旱地区极其不利。

2. 化学污染

地热水是经过深循环的水，水中有很多矿物元素和气体。西北地

---

①　舟丹：《我国地热能资源储量分布》，《中外能源》2016 年第 12 期。

区有很多硫黄泉，硫黄泉含有大量的 H_2S，浓度低时会麻痹人的嗅觉神经，浓度高时会使人窒息死亡。若在温泉出口随意喷放，会危害人体健康，污染空气质量。西北地区地热水的矿化度很高，用这种高矿化度的地热尾水灌溉，会造成植物根部吸水困难，使植物体内水分反渗，影响农作物生长。地热尾水还会使土壤中的矿物质增加进而影响微生物活动，使根瘤菌、硝化菌等养分不能有效转化为直接利用的成分，使农作物减产。若长期排放地热水，会使土壤发生盐碱化，土壤中的 F、B、As 及重金属逐渐富集，造成土壤污染。有些地热水甚至会下渗到含水层，使得地下水水质受到污染。

（三）地面沉降

由于地热水埋藏较深，长时间从热储层中抽取地热水可以检测到地面沉降。随着地热开采量的增加，当开采量超过补给水量时，会使地热水位下降，不断压密地层，加剧地面沉降的发生。甚至在有的地区出现地面的水平运动，说明热储由于内压力的降低在垂直和水平方向上都发生了收缩。长期超量开采会造成热泉和喷气孔等地面自然现象的消失。此外，在开采过程中，地热水沿着断裂面两侧的岩石发生泥化、水化及溶蚀作用，对断裂强度和断裂应力产生影响，降低了岩石的抗压抗剪强度和断裂摩擦力，甚至会引发轻微的地震。

二　地热可持续开发原则

地热资源的形成需要漫长的地质历史过程，所以它有明显的矿产资源特性。地热资源通过开发利用，其能量和质量在一段时间后将会衰减。国际上和我国现行规定，高温地热田的服务年限是 30 年，中低温地热田的服务年限为 100 年，超过这些年限后，可开采储量将逐渐消耗[①]。因此，地热资源是一种耗竭性资源，应该在保护中开发，在开发中保护，才能实现可持续发展。

（一）总量控制原则

地热资源可持续利用的一个重要原则是总量控制，这就需要对地热资源的储量进行分析，摸清可开采资源量作为总量控制条件。对超

---

① 　舟丹：《我国地热能资源储量分布》，《中外能源》2016 年第 12 期。

采区要禁止增加同深度的开采井，并逐步削减开采量，增加回灌量。对较高开采程度区，新增的开采井须施工同深度的回灌井，保证开采强度不大于允许开采强度①。

（二）开采强度控制原则

开采强度指同一含水层单位时间单位面积的深层地下水开采量。当地热水开采量超过允许开采量，即使局部开采强度不高也要控制审批新增开采量。当地热水开采量小于允许开采量时，可以审批新增开采量，但开采强度不能超过允许开采强度。

（三）井间距控制原则

由于地热水的出露一般沿着断裂带密集分布，很多开发者相继挖井开采，井间距太小，使得地下取水造成的漏斗相叠加，加速了水位下降速度。一旦水位下降阻断了原来的补给通路，恢复补给几乎是不可能的。因此，地热水开采中一定要控制地热井的间距。井间距取决于地热水允许开采量和开采井的数量，同时也受制于开采井的影响半径。原则上，开采井的间距不得小于控制井间距。例如日本禁止在地热井周边 100—150m 的范围内开发新地热井，韩国不允许在地热井 300m 范围内开发新的地热井。

（四）回灌井布置原则

地热水埋藏深，补偿速度慢，再生速度也慢，大量集中开采会造成水资源匮乏和地面沉降，最有效的解决途径就是尾水回灌，这也是国际上解决地热水水位下降，延长地热使用寿命的最好方法②。在地热水开采中，通过向热储层人为注入流体，补充储层中流体的量，减缓储层压力下降的速度，增加地热流体的回采率。开采地热水程度较高的地区须施工同深度的回灌井，这样既可以延长热储的开采寿命，又使地热尾水不直接排放，有效地减少了环境污染。

（五）动态监测原则

地热水储存于地下，需对其水位、水温进行监测，以便了解地热

① 张娟娟、林建旺、林黎等：《基于 AHP 和 BP 神经网络的深部地热水可持续开发能力评价》，《地下水》2008 年第 6 期。

② 王转转、欧成华、王红印等：《国内地热资源类型特征及其开发利用进展》，《水利水电技术》2019 年第 6 期。

水的变化情况。在地热水开采过程中，需要对地热井的静态水位、动态水位、水温变化幅度进行长期的动态监测，以便发现它的变化趋势，及时采取应对措施。

三　地热水可持续开发路径

（一）加强地热资源本底调查

由于在地热水开发利用之前对其形成机制、资源储量的情况掌握不够，造成不合理开发，进而会出现资源枯竭、环境污染、地面沉降等问题。因此，加强地热资源的本底调查，查明热储的基本条件非常必要。西北地区地热资源的勘查相对于发达地区而言还比较落后，要加大地热资源的勘查力度，完善地热水评价方法，因地制宜地开发利用地热水。首先，开展地热资源勘查评价与规划，摸清地热资源储量。其次，对已开发利用的地热井的储量、开发现状、变化情况进行综合评价。最后，对资源条件好、开发潜力大的区域进行重点勘查，建立梯级利用开发示范区。

（二）优化地热水开采方案

西北地区地热水的开发利用仍处于自发分散的粗放管理阶段，资源浪费现象较严重。地热开发还是以温泉泡浴为主，利用方式单一，没有达到多层级利用，综合效益不显著。地热水的梯级利用可有效提高资源利用效率，使高能高用，分配得当。如对 50—70℃的地热水可用作地热采暖、地热温室，对 40—50℃的地热水可用作温泉洗浴、土壤加温等方面，对 30—35℃可用作水产养鱼等，对于 < 20℃的地热水可用作农田灌溉或育秧等，通过地热水的梯级利用，既提高了地热水的利用效率，又减少了尾水排放，降低了尾水排放引起的环境污染。

（三）积极推进地热回灌

地热尾水排放温度较高，会产生热污染和化学污染。因此，采用高温水源热泵技术对地热尾水进行回收，不仅可以充分利用地热水资源，还可以降低尾水温度，使尾水达标排放。对开采量大的地热水根据地热资源储存的性质、结构及水文地质环境确立主要的回灌模式。通过回灌补充储层中流体的量，减缓储层压力下降的速度，维持热储的平衡，延长热储开采寿命。对于新建地热井，要同时设计回灌井。对于老地热井，要对回灌井进行增设或改造，提高回灌率。

（四）加强地热动态监测

通过对地热的动态监测可以了解开采过程中地热水的变化情况。建立动态监测制度，监测地热水的温度、流量、化学成分、气体成分等指标，利用这些数据建立地热水开发利用数据库，这样就能掌握地热水开发过程中的变化趋势。除此之外，还要对地热水开采过程中地面沉降速度等进行监测预警，为地热水进一步开发利用提供依据。

第二节 地热多元化利用是关键

地热资源是一种重要的绿色清洁能源、矿产资源，也是医疗保健资源。作为一种储量大、分布广的可再生能源，为我国经济发展提供了重要的资源能源保障。西北地区地热资源埋藏较深，开发成本较高，制约了地热资源潜力的发挥。近年来，随着能源的日趋紧张，环境问题的日益凸显，倡导绿色、低碳、可持续发展的呼声日益高涨。西北地区也要大力发展低碳能源和可再生能源，这是保护生态环境和实现可持续发展的重要战略举措。在地热资源的开发利用中，只有做到浅层、中层和深层地热能综合性和多元化利用，才能提高地热资源的利用效率，调整能源结构，推进绿色低碳发展。

一 地热资源多元化利用的意义

（一）调整能源结构

西北地区冬季寒冷，通过烧煤烧气供暖加重了空气污染程度，在中高温地热资源相对丰富的地区，采用地热供暖，一方面，可大幅缓解雾霾问题，减少环境污染。另一方面，降低对传统化石能源的使用量，为传统能源相对贫乏的地区提供电力来源。但是地热资源开发成本高，周期长，技术要求高，需要大量的资金投入。

（二）提高地热资源的利用效率

我国地热能直接利用量世界第一，但利用效率不高。由于地源热泵、地热采暖、地热制冷等各种技术对地热水温度的要求不同，如果通过地热资源的梯级利用将各项技术结合起来，将中高温地热资源用于发电采暖，中温地热资源用于洗浴疗养，低温地热资源用于工业脱水、农业种（植）养殖等，形成地热梯级利用的链条，可以使地热资源综合利用率达到最大化。地热梯级利用可以优化产业布局，形成一系列围绕地热资源的产业链，具有非常好的经济、社会和环境效益。

二　地热资源开发利用中存在的问题

（一）地热资源勘查评价程度低

受各种因素制约，西北地区的地热勘查还处于"就热找热"阶段，真正经过系统勘查评价的地热田较少，如宁夏银川盆地地热田是2006年才开始进行系统评价，开发阶段的评价更少。青海省的干热岩资源丰富，是由青海省水工地质调查院在2013年才发现的，开发潜力巨大，具备很大的开发价值。由于对区域性地热资源勘查评价、论证评价与规划等基础性的工作滞后，使政府部门无法做到科学管理。

（二）地热资源开发缺少统一规划

地热资源是在特定的水文地球化学环境条件下形成的，再生能力弱，资源量有限，保持地热资源的长期稳定开采，就要做到合理开发利用规划。西北地区除了陕西有温泉旅游协会外，其他各省份没有统一的温泉旅游管理组织，对地热资源开发利用缺少系统的规划。由于缺少统一规划，各开发商对地热资源的特点认识不清，在利益的驱动下会造成地热资源无序开采，资源浪费和环境问题的发生。

（三）综合利用水平低

受经济条件限制，西北地区很多地热开发利用处在自发、分散和粗放的利用阶段，规模化、产业化水平不高。如青海贵德温泉所在地的村民自发建立洗浴池，自主招揽游客，造成脏水乱排，污染严重。很多温泉的利用方式非常单一，洗浴疗养后的尾水没有充分地用于工业或农业种（植）养殖业，弃水量大。一些地区采取直排供暖，地热能的利用率很低，严重浪费了地热资源。

（四）开发管理法规不健全

地热资源属于一种矿产资源，目前多部门交叉管理的方式影响了地热资源开发利用的效率。地热法律法规是地热资源管理的根本，是保证地热资源可持续发展的基本保障。虽然有些省市制定并出台了当地的地热资源管理条例和办法，如《广东温泉旅游服务规范》《沈阳市地源热泵系统建设应用管理办法》等，西北地区仅有咸阳市出台了《咸阳市地热资源管理暂行办法》，其他省市地热相关的法律法规及配套政策还不够健全，有些条款的可操作性不强。由于缺乏地热法律法规的制约，一些地区地热井过量开采现象严重，只采不补造成地热水水位持续下降，严重影响地热资源的可持续利用。

三　地热资源的多元化利用路径

（一）地热发电

地热发电是利用地下热水和蒸汽为动力的新型发电技术，将地热能转换为机械能，再带动发电机组发电。地热发电一般采用高温地热资源，西北地区多为中低温资源和干热岩，干热岩发电目前还处在科研开发阶段。地热发电成本仅为太阳能发电的 1/10，风力发电的一半[①]，且不受季节变化的影响，大大减少了环境污染。在地热发电过程中，由于地热水中含有大量腐蚀性气体如 SO_2、CO_2 等气体，这些气体进入管道和设备就会使其强烈腐蚀结垢，所以应重视解决腐蚀和结垢的问题。2017 年在青海贵德盆地 GR1 井 3705m 深处钻获 236℃ 的高温干热岩体，实现了干热岩勘查的突破。尽管目前由于技术上的难题，还没有开发利用，但是该类资源的发电潜力非常大。

（二）中低温地热资源直接利用

中低温地热资源直接利用方式有地热供暖、温泉旅游、农业种（植）养殖业、工业利用等，在技术方面逐渐开发了地热资源梯级利用技术、地下含水层储能技术等。

1. 地热供暖

地热供暖是地热直接利用的主要方式。地热供暖分为直接供暖和间接供暖两种方式。直接供暖是将地热水直接送入供热系统，一般为

---

① 韩生福、严维德：《青海地热资源勘查开发利用现状、潜力及工作部署》，《青海国土经略》2013 年第 5 期。

矿化度比较低的地热水，以防对供暖管道系统产生腐蚀和结垢。间接供暖是地热水通过热交换器将地热转换给供热系统进行供暖，一般为有腐蚀性和易产生结垢的地热水。从20世纪90年代开始，由于地源热泵的广泛使用，地热直接利用呈现较好的发展势头。我国地热采暖主要用于北方地区。西北地区陕西省咸阳市、西安市、宝鸡市、渭南市等城市都有大量地热井，每到冬季将地下热水直接用于生活供暖，节省了大量煤炭，也减少了因锅炉排放烟尘造成的环境污染，经济社会环境效益非常显著。西北地区在地热富集区应该大力推广绿色环保的地热供暖方式。

2. 温泉旅游

地热水温度较高，含有特殊的矿物成分、微量元素及放射性气体，对人体具有明显的医疗保健作用，因此温泉旅游深受人们喜爱。新中国成立后，在计划经济背景下，西北地区建成了几十家温泉疗养院，以特定人群的泡浴疗养为目的，温泉产业呈分散的点状发展格局。改革开放后，在市场经济体制下，温泉疗养院开始转型进入大众市场，形成集温泉、观光、休闲、会议等为一体的温泉旅游地。21世纪初，健康养生成为消费者的重要理念，温泉产业与康养、度假、文旅、地产产业深度融合，形成以温泉为主题的旅游康养度假综合开发模式。西北地区很多温泉位于郊区，温泉的开发应从区域协同的角度出发，结合区域特色、生态禀赋和人文底蕴，建成产、城、人、文四位一体的温泉特色小镇，形成区域内产业生态融合、城镇人文生活的有机发展体。

3. 农业种（植）养殖业

地热资源广泛用于农业栽培、农产品加工、动物饲养等方面。利用地热水种植反季节蔬菜、花卉、瓜果、育种，既能提高室内温度，又经济无污染，地热水中的矿物质还可以为其生长提供所需的养分。利用地热孵化家禽既节省电力，又能减少电能孵化机加热器对胚蛋辐射的影响，而且水温恒定，有利于控制温度。地热水还可用来大规模生产性养殖如鱼苗养殖越冬，或放养热带鱼等供人观赏，由于所需的水温不高，可以将地热采暖、地热温室排出的尾水再次利用，大大提高地热利用率。

4. 工业利用

地热能在工业领域应用范围很广，从地热资源中可提取溴、硼砂、钾盐、铵盐等工业原料，还可用于纺织、印染、缫丝、木材加工、造纸、干燥、制冷、空调、化学萃取、制革等行业。西北地区有些地热水矿化度很高，可以提取大量盐类。地热水中还有许多贵重的稀有元素、放射性气体和化合物，可以提取这些元素用作工业原料。在轻纺工业方面，纺织、印染、缫丝等用地热水干燥后，产品的色调更鲜艳，着色率提高，手感更有弹性。在木材加工方面，地热水用于干燥木材及纤维板加工工艺，节约软化处理费和大量煤炭。在干燥、制冷和空调等方面综合利用地热水或蒸汽，可节省大量的能源。

第三节　地热产业化发展是关键

一　地热产业构成

人们对地热资源的认识集中在传统的温泉洗浴、康养保健等行业，对地热产业的认识是不完整的。从经济学角度看，与地热相关的经济活动都属于地热产业。地热产业有完整的产业形态，表现在以下四个方面。第一，具有独特的产业技术。如地热发电技术、地热供暖技术等。第二，有投入—产出特点，将人力、资本、地热等资源要素投入转化为热能、电能等能源或旅游休闲服务产品。第三，以追求环境效益、经济效益和社会效益为目的，大力发展地热能源和旅游休闲服务达到综合效益的最大化。第四，有以地热资源开发利用为对象的经济组织，从上游的地热资源勘探到下游地热资源的开发利用，形成完整的产业链。地热活动在规模化、职业化和社会功能方面已满足了产业的规定性要求，因此，地热作为产业的基本要素均已形成。地热资源的开发过程包括资源勘查、规划、开采、加工和商业化利用等重要环节，因此将地热产业的构成划分为地质基础平台、开发利用平台和资源辅助平台。

（一）地质基础平台

地质基础平台主要为地热资源勘查、评价与规划。地热勘查是地热产业最基础的工作，指通过地质调查、地热钻探、地球物理勘探、地球化学勘探探明地热资源的品质、数量、分布范围、开发利用条件等。地热资源勘查程度决定了地热产业发展的广度与深度。地热资源评价指对地热田赋存的地热能的数量和质量做出估计，评价其在一定经济技术条件下可开发利用的储量及开发可能造成的影响。地热资源开发利用规划主要包括地热可采资源的总量控制、地热井规划布局、开采规划控制分区、资源配置规划、资源利用分区等。地热资源勘查评价与规划是地热资源开发利用的基础。

（二）开发利用平台

开发利用平台主要为地热资源开采与利用、地热工程设计与施工。地热资源的开发利用可为社会提供新的产品和服务，如地热发电、地源热泵、常规地暖、温泉旅游等，随之带动设备制造、工程设计、旅游服务等相关产业的发展，进而带动了区域经济的增长。地热资源的开发利用从需求角度拉动了上游的地热勘查评价，也对下游的地热污染处理、环境管理等产生影响。

（三）资源辅助平台

资源辅助平台从人才、技术等角度为开发利用平台提供必要的投入，促进了地质基础平台的发展，起到了推动资源的作用。资源辅助平台主要包括地热人才培养，地热技术研发等。地热专业人才的发展影响地热技术研发、设备制造、工程施工等各个环节的质量，可以赋予产品高附加值，延长产业链。在地热技术研发方面，以地源热泵和地热发电为代表的开发利用技术较成熟；增强型地热系统还处于研发试验阶段；地热钻探技术、干热岩发电技术和地热回灌技术亟须提升和突破。

二　地热产业发展现状

（一）环境和经济效益明显

西北地区冬季寒冷，若采用锅炉烧煤烧气供暖，煤和天然气在燃烧过程中排放大量的CO_2、SO_2、NO_x、粉尘等污染物对环境造成严重污染。相比于煤炭和天然气，地热供暖是一种非常清洁的能源。2017年，新疆在塔什库尔干塔吉克自治县发现两处总面积为$15km^2$的地热资源，其中曲曼村为高温地热田，面积达 8km²，其地热资源范围、热储存条件仅次于西藏的羊八井，位居全国第二。塔什库尔干塔吉克自治县已投资 1.97 亿元建设采暖设施，供暖面积可达 40 万 m²，建成后可解决全县 1.2 万人的取暖问题，每年可节省采暖费 3000 万元以上。根据国家印发的《地热能开发利用"十三五"规划》，新疆新增地热供暖（制冷）面积 750 万 m²，新增地热发电装机容量 5MW。陕西省咸阳市、西安市、渭南市等地在冬季采用地热供暖，并不断探索回灌措施。近年来西北地区大范围推广地热供暖，将会产生巨大的经济效益和环境效益。

（二）整体利用水平较低

虽然西北地区地热资源潜力巨大，但很多核心技术与东部省市相比差距较大，基础研究也相对滞后，导致整体的开发利用水平较低。第一，中深层地热供暖回灌率低，容易引起地下水位下降，局部地面沉降及水污染等问题，影响资源的可持续利用。第二，浅层地热能开发中的设计、施工及运营水平有待提高，行业规范化程度不够。第三，在温泉旅游开发方面，西北地区的温泉旅游季节性较强，开发的规模和档次受制于经济条件，影响了温泉旅游的经济效益。

（三）关键技术有待突破

在地热发电、直接利用、地源热泵及增强型地热系统等地热开发利用方面，欧盟已形成较为成熟的技术体系，而我国在常规地热能综合开发利用技术方面基本成熟。西北地区在浅层地热能利用技术方面取得了很大的进步，但经济性仍有待提高。在中低温发电和高温发电领域技术相对落后，特别是中低温地热能发电技术亟待提高。在增强型地热开发利用方面，尤其是干热岩发电（EGS）技术方面尚属空白。

（四）管理体制机制不顺

地热资源的法律属性不明确，操作层面受《中华人民共和国矿产资源法》《中华人民共和国可再生能源法》《中华人民共和国水法》等制约，管理职能分散在国土、水利、住建、能源等部委。管理分工不明确，日常管理中越位、缺位、相互制衡和重复执法等矛盾重重，使地热管理不够规范。有些地区地热管理偏重于发证和收费，缺乏对地热项目的前期论证、动态监测以及事后评估，从而对地热产业发展产生不良影响。管理体制机制不顺已成为地热产业发展的制约因素。

三　地热产业发展对策

地热产业的发展需要政府的主导、资金的投入、技术的支撑、监管体系的完善，不可能一蹴而就。促进地热产业发展不仅可以带动经济发展，还可以减少环境污染。

（一）资源勘查重点突破

西北地区对地热资源勘查评价投入较少，与全国地热资源详查存在很大差距。如宁夏地区在 1998 年钻探了宁夏第一眼热水井，在 2000 年才对银川平原的地热资源进行初步评价，地热资源评价相对滞后。青海、新疆地域辽阔，也有很多宝贵的地热资源需要进一步勘查。因此，要进一步查明西北地区水热型地热、浅层地热、干热岩开发区的地质条件、热储特征、地热资源的数量和质量，并对开采条件做出评价。加大地热资源勘查力度，在前期勘查的基础上，在重点靶区进行地热资源详勘。建立西北地区地热资源开发利用信息系统，利用现代技术对地热资源勘查进行系统监测和动态评价。

（二）加大政策引导和资金支持力度

地热资源的开发利用是投资大、周期长的工程，没有政府强有力的支持单靠企业无法完成。世界上地热资源开发利用较成熟的地区如欧盟、美国等地热产业的快速发展离不开政府强有力的政策支撑。欧盟发布了"关于促进可再生能源的使用指令"，要求欧盟成员国必须实施国家可再生能源行动计划。我国西北地区地热资源开发中，政府也要加大资金支持和政策引导。在财税政策方面，制定针对利用地热能替代化石能源供热（制冷）的补贴政策，对完全回灌的地热项目实行免收资源税。在价格政策方面，给予电价激励、对居民予以补贴以促进地热消费。在资金投入方面，由于地热开发前期投资巨大，要从地热资源勘探、技术研发、地热电站建设等方面给予大力的资金支持。

（三）厘清管理体系，建立统一法律制度

目前地热资源管理由多部门管理，管理混乱。所以要厘清相关部门的权责，形成统一的管理行政体系，对地热资源开发项目前期评价、运行监督、竣工验收等各环节进行统一监管。地热产业发展好的国家均有自上而下的法律法规体系，对地热的发展起着规范引导的作用。我国地热资源的相关规定在《可再生能源法》中有所界定，建议尽快制定专门的地热法。地热法要详细制定地热资源勘探、开发利用规划、地热采矿许可、地热取水许可、地热资源补偿费征收、环境保护的措施与奖惩等规章制度。

（四）加强技术研发

技术对地热的发展至关重要，技术的进步是地热产业发展的关键。要注重对国外先进技术的引进，结合资源开发条件进行改造创新，从而降低成本获得竞争优势。西北地区地热开发工程参差不齐，所以要加快制定地热技术规范，这是地热系统安全运行的前提。用好国家地热能源开发利用研究和技术推广应用中心的平台，设立西北地区地热技术研发基金，加快地热开发利用关键技术的突破，不断提高地热产业发展的后劲。建立国家级的研发平台，推动产学研相结合，在地热勘探、开采利用、回灌、温泉保健品、温泉化妆品等方面的关键技术要有所突破。

参考文献

一 著作

柯惠新、沈浩：《调查研究中的统计分析法》，中国传媒大学出版社2005年版。

卢纹岱：《Spss For Windows 统计分析》，电子工业出版社2002年版。

宁夏回族自治区地质矿产局：《宁夏回族自治区区域地质志》，地质出版社1990年版。

宁夏回族自治区统计局、国家统计局宁夏调查总队：《宁夏统计年鉴》，中国统计出版社2001—2018年版。

王艳平、孙巧芸：《温泉旅游研究导论》，中国旅游出版社2006年版。

王艳平：《中国温泉旅游——来自地理学得发现及人文主义的挑战》，大连出版社2003年版。

谢彦君：《基础旅游学》（第一版），中国旅游出版社1999年版。

[美]约瑟夫·派恩、詹姆斯·吉尔摩：《体验经济》，夏业良、鲁炜等译，机械工业出版社2002年版。

[英]克里斯·库珀、约翰·弗莱彻、大卫·吉尔伯特等：《旅游学——原理与实践》，张俐俐、蔡利平译，高等教育出版社2004年版。

二 论文

安永康、孙知新、李百祥：《甘肃省地热资源分布特征、开发现状与前景》，《甘肃地质学报》2005 年第 2 期。

保继刚、刘雪梅：《广东城市海外旅游发展动力因子量化分析》，《旅游学刊》2002 年第 1 期。

保继刚、郑海燕、戴光全：《桂林国内客源市场的空间结构演变》，《地理学报》2002 年第 1 期。

陈德广、苗长虹：《基于旅游动机的旅游者聚类研究——以河南省开封市居民的国内旅游为例》，《旅游学刊》2006 年第 6 期。

陈锋、刘涛、顾新鲁等：《新疆地热水分布与地质构造的关系》，《西部探矿工程》2016 年第 2 期。

陈锋、刘涛、康剑等：《新疆沙湾金沟河温泉形成特征研究》，《西部探矿工程》2015 年第 2 期。

陈立、张发旺：《宁南地区地下水系统划分方法研究》，《南水北调与水利科技》2007 年第 5 期。

邓婉琦：《分析中国温泉旅游的发展现状及趋势》，《智库时代》2019 年第 21 期。

董观志、杨凤影：《旅游景区游客满意度测评体系研究》，《旅游学刊》2005 年第 1 期。

方斌、周训、梁四海：《青海贵德县扎仓温泉特征及其开发利用》，《现代地质》2009 年第 1 期。

方东汉：《秦巴地区热矿泉的水文地质特征》，《陕西地质》1985 年第 1 期。

伏总强：《宁南地区水资源潜力分析》，《安徽农业科技》2013 年第 29 期。

高峰：《温泉旅游开发模式探讨——以湖北咸宁温泉为例》，《中国集体经济》2012 年第 9 期。

高鹏、刘住：《对发展温泉旅游的建议》，《旅游科学》2004 年第 2 期。

高鹏、杨海红：《华山地区温泉旅游开发》，《边疆经济与文化》2008 年第 1 期。

高鹏、杨海红：《试论华山地区温泉旅游开发的条件》，《山西师范大学学报》（自然科学版）2007 年第 2 期。

顾新鲁、刘涛、陈锋等：《新疆地热资源成因类型及控热模式分析》，《新疆地质》2015 年第 2 期。

顾新鲁、曾永刚：《新疆温泉县地热特征及成因模式分析》，《新疆地质》2011 年第 2 期。

郭乃妮、陈卫卫：《关中盆地地热资源研究》，《中外能源》2018 年第 8 期。

韩生福、严维德：《青海地热资源勘查开发利用现状、潜力及工作部署》，《青海国土经略》2013 年第 5 期。

蒿惊雷：《温泉的延意：珠海御温泉的设计构思与设计运作初探》，《南方建筑》2001 年第 2 期。

何小芊、刘宇：《江西省温泉旅游资源评价与开发策略》，《市场论坛》2014 年第 11 期。

黄宗成、翁廷硕、曾湘桦：《中高龄族群长住型旅馆经营管理之探究——以 IPA 及其应用为例》，《北京第二外国语学院学报》2002 年第 1 期。

姜太芹、杨积典：《优质旅游发展视阈下温泉旅游品牌建设路径探索——以云南省保山市为例》，《西南石油大学学报》2019 年第 4 期。

蒋小凤：《温泉县大力发展旅游业的调查研究》，《中共伊犁州委党校学报》2017 年第 1 期。

雷芳、董治平、刘宝勤：《甘宁青地区地温场及其与地震的关系》，《甘肃科学学报》1999 年第 3 期。

李华强：《大地电磁测深在地热资源勘查中的应用研究》，《勘察科学技术》2013 年第 6 期。

李林果、李百祥：《从青海共和——贵德盆地与山地地温场特征探讨热源机制和地热系统》，《物探与化探》2017 年第 1 期。

李毓芳：《乌苏县医疗淡温泉氟水、氡水、硅水、硼矿水的考察》，《新疆地质》1993 年第 2 期。

厉新建：《旅游体验研究进展与思考》，《旅游学刊》2008 年第 6 期。

梁雪松：《社会学视野下的东西方跨文化旅游交互习性研究》，《经济地理》2010 年第 7 期。

刘俊、马凤华、苗学玲：《基于期望差异模型的 RBD 顾客满意度研究—以广州市北京路步行商业区为例》，《旅游学刊》2004 年第 5 期。

刘兰兰、安栋：《横沟温泉文化旅游项目开发目标探析》，《科技情报开发与经济》2012 年第 17 期。

刘妍、唐勇、田光占等：《成都大熊猫繁育研究基地入境游客满意度评价实证研究》，《旅游学刊》2009 年第 3 期。

龙肖毅、杨桂华：《大理古城民居客栈中外游客满意度对比研究》，《人文地理》2008 年第 5 期。

陆林：《山岳旅游地旅游者动机行为研究——黄山旅游者实证分析》，《人文地理》1997 年第 1 期。

毛凤玲：《大银川旅游区乡村休闲旅游地旅游资源评价研究》，《干旱区资源与环境》2009 年第 1 期。

邱根雷、张晓龙、吴凯：《陕西省地热资源开发利用现状与问题研究》，《中国非金属矿工业导刊》2018 年第 S1 期。

赛措吉：《青海藏区温泉浴疗文化的人类学解读——以贵德和同仁地区为田野点》，《青海社会科学》2019 年第 6 期。

桑杰本、彭毛措：《探讨青海地区著名自然温泉的特征及其临床功效》，《中国民族医药杂志》2019 年第 5 期。

申建梅、陈宗宇、张古彬：《地热开发利用过程中的环境效应及环境保护》，《地球学报》1998 年第 4 期。

沈惊宏、余兆旺、周葆华等：《区域温泉旅游开发适宜性分析及其对策》，《自然资源学报》2013 年第 12 期。

宋继承，潘建伟：《企业战略决策中 SWOT 模型的不足与改进》，《中南财经政法大学学报》2010 年第 1 期。

宋家军：《新疆温宿县琼阿帕热气泉系统成因分析》，《工程技术》2018 年第 3 期。

宋子斌、安应民、郑佩：《旅游目的地形象之 IPA 分析——以西安居民对海南旅游目的地形象感知为例》，《旅游学刊》2006 年第 10 期。

苏会、杨钊、杨效忠：《安徽省温泉旅游区的品牌建设与营销策略研究》,《云南地理环境研究》2019 年第 2 期。

苏勤:《旅游者类型及其体验质量研究——以周庄为例》,《地理科学》2004 年第 4 期。

万绪才、丁登山、马永立等:《旅游客源市场结构分析——以南京市为例》,《人文地理》1998 年第 3 期。

汪清蓉、李凡:《古村落综合价值的定量评价方法及实证研究——以大旗头古村为例》,《旅游学刊》2006 年第 1 期。

王斌、何世豪、李百祥等:《青海共和盆地地热资源分布特征兼述 CSAMT 在地热勘查中的作用》,《矿产与地质》2010 年第 3 期。

王道、许秋龙、陈玲、卢静芳:《新疆地下热水特征及其与地震活动的关系》,《地震地质》1999 年第 1 期。

王华、彭华:《温泉旅游开发的主要影响因素综合分析》,《旅游学刊》2004 年第 5 期。

王华、吴立瀚:《广东省温泉旅游开发模式分析》,《地理与地理信息科学》2005 年第 2 期。

王玲、曾驰:《中国现代温泉产业发展展望——温泉产业 4.0》,《中国市场》2019 年第 26 期。

王社教、胡圣标、汪集旸:《准噶尔盆地热流及地温场特征》,《地球物理学报》2000 年第 6 期。

王世俊:《西安温泉旅游资源的经营模式研究》,《西安财经学院学报》2012 年第 6 期。

王素洁、胡瑞娟、李想:《美国休闲游客对中国作为国际旅游目的地的评价:基于 IPA 方法》,《旅游学刊》2010 年第 5 期。

王亚辉:《我国温泉旅游开发存在问题及对策——以环庐山温泉带温泉度假村为例》,《商业经济》2008 年第 10 期。

王莹:《杭州国内休闲度假旅游市场调查及启示》,《旅游学刊》2006 年第 6 期。

王转转、欧成华、王红印等:《国内地热资源类型特征及其开发利用进展》,《水利水电技术》2019 年第 6 期。

温煜华、齐红梅:《甘肃省温泉旅游地开发适宜性评价》,《西北师范大学学报》(自然科学版)2017 年第 3 期。

温煜华：《基于修正 IPA 方法的温泉游客满意度研究——以甘肃温泉旅游景区为例》，《干旱区资源与环境》2018 年第 5 期。

温煜华：《温泉旅游地开发序位评价——以甘青两省温泉为例》，《干旱区地理》2016 年第 1 期。

吴必虎、徐斌、邱扶东等：《中国国内旅游客源市场系统研究》，华东师范大学出版社 1999 年版。

吴继尧、姚华、郑玉建等：《新疆热气泉调查分析》，《新疆医学院学报》1994 年第 2 期。

徐平、王友文：《海南国际旅游岛与伊犁国际旅游谷温泉康养旅游联动发展研究》，《伊犁师范学院学报》2019 年第 2 期。

徐平：《新疆伊犁地区温泉资源开发现状及发展方向研究》，《伊犁师范学院学报》2012 年第 1 期。

许高胜、马军、马瑞：《同位素与水化学在地热水形成机理中的应用研究进展》，《中国水运》2010 年第 11 期。

杨海寰、李晓晖：《基于体验经济研究的旅游发展战略研究》，《云南师范大学学报》2005 年第 3 期。

杨振之：《论度假旅游资源的分类与评价》，《旅游学刊》2005 年第 6 期。

袁伏全、张超美、孙世瑞等：《青海地区地震与地热的分布特征》，《高原地震》2017 年第 2 期。

张海云：《主体功能区建设背景下青藏社会旅游文化产业发展调查研究——以贵德温泉地热资源开发利用为视点》，《贵州民族研究》2017 年第 5 期。

张宏梅、陆林、朱道才：《基于旅游动机的入境旅游者市场细分策略——以桂林阳朔入境旅游者为例》，《人文地理》2010 年第 114 期。

张宏梅、陆林：《入境旅游者旅游动机及其跨文化比较——以桂林、阳朔入境旅游者为例》，《地理学报》2009 年第 8 期。

张建：《再论我国温泉旅游资源的开发与利用》，《干旱区资源与环境》2005 年第 6 期。

张娟娟、林建旺、林黎等：《基于 AHP 和 BP 神经网络的深部地热水可持续开发能力评价》，《地下水》2008 年第 6 期。

张蕾、丁登山、戴学军等：《模糊数学方法在温泉旅游资源开发条件评估中的应用——以广东龙门为例》，《西北师范大学学报》（自然科学版）2005 年第 5 期。

张蓉珍、雷瑜、申建荣：《蓝田县汤峪温泉开发的影响因素分析》，《生态经济》2011 年第 2 期。

张守训、李百祥：《天水及其南北地区温泉分布的地质——地球物理特征》，《西北地震学报》2006 年第 3 期。

张滢：《新疆温泉资源的开发利用与可持续发展——以沙湾温泉旅游区为例》，《安徽农业科学》2011 年第 39 卷第 29 期。

张颖辉、王慧：《优质旅游视角下辽宁温泉康养旅游提升路径研究》，《中国林业经济》2019 年第 4 期。

张振国：《我国地热产业化发展与资源可持续利用》，《中国能源研究会地热专业委员会·全国地热产业可持续发展学术研讨会论文集》，2005 年。

张志刚：《温泉旅游文化创意：辽宁的机遇、难题和路径》，《理论界》2016 年第 11 期。

张卓业、何思学、邹事平：《温泉旅游开发的综合影响因素分析》，《河北企业》2018 年第 12 期。

章沧授：《骊山温泉美天下——张衡〈温泉赋〉赏析》，《古典文学知识》2004 年第 3 期。

钟林生、王婧、唐承财：《西藏温泉旅游资源开发潜力评价与开发策略》，《资源科学》2009 年第 11 期。

舟丹：《我国地热能资源储量分布》，《中外能源》2016 年第 12 期。

周万鑫、杨玉新：《营口虹溪谷温泉度假景区旅游营销策略研究》，《商业经济》2019 年第 1 期。

卓么措：《青海省民族文化旅游发展探析》，《旅游经济》2013 年第 14 期。

邹统钎：《旅游体验的本质、类型与塑造原则》，《旅游科学》2003 年第 4 期。

祖浙江：《乌鲁木齐水磨沟地热资源类型及勘查方法》，《新疆地质》

2007 年第 3 期。

三　学位论文

方怡尧、吴珩洁：《温泉游客游憩体验之探讨——以北投温泉为例》，硕士学位论文，"国立"台湾师范大学，2002 年。

贺海霞：《基于温泉的新型休闲度假旅游目的地发展模式研究》，硕士学位论文，浙江师范大学，2016 年。

李志红：《银川平原浅层地温场和水化学特征及其影响因素研究》，硕士学位论文，中国地质大学，2014 年。

林中文：《温泉游憩区市场区隔之研究——以礁溪温泉区为例》，硕士学位论文，东华大学，2001 年。

刘中平：《基于游客动机的江西旅游目的地发展对策探讨——以井冈山为例》，硕士学位论文，南昌大学，2009 年。

裴若婷：《罗浮山温泉旅游度假区旅游产品深度开发研究》，硕士学位论文，成都理工大学，2010 年。

蒲蕾：《基于四川温泉度假地游客消费行为的温泉产品研究——以山地温泉为例》，硕士学位论文，四川大学，2007 年。

孙红丽：《关中盆地地热资源赋存特征及成因模式研究》，博士学位论文，中国地质大学，2015 年。

孙恺：《西宁盆地地下热水循环机制与资源评价》，硕士学位论文，西北大学，2015 年。

孙仁和：《温泉游憩区游客特性之研究——以北投、阳明山、马槽温泉游憩区为例》，硕士学位论文，铭传大学，1999 年。

覃兰丽：《关中盆地地下热水水化学特征及其形成机制研究》，硕士学位论文，长安大学，2008 年。

万龙：《温泉旅游产业可持续发展能力研究——以湖北咸宁温泉旅游为例》，博士学位论文，中南财经政法大学，2018 年。

汪琪：《宁夏地热范围圈定与资源量评价》，硕士学位论文，中国地质大学，2015 年。

王玉梅：《青海省旅游空间结构及其优化研究》，硕士学位论文，青海师范大学，2013 年。

韦晓萌：《陕西大兴汤峪温泉旅游品牌建设优化方案研究》，硕士学位论文，西北大学，2014 年。

余剑晖：《温泉旅游地生命周期研究——以重庆市温泉为例》，硕士学位论文，西南大学，2008 年。

虞岚：《我国部分地下热水中氟的分布与成因探讨》，硕士学位论文，中国地质大学，2007 年。

四 外文著作

Inskeep, E. , *Tourism Planning*: *An Integrated and Sustainable Development Approach*, Van Nostrand Reinhold Press, 1991.

Stumm, W. , Morgan, J. J. , *Aquatic Chemistry*: *Chemical Equilibria and Rates in Natural Waters*, 3rd ed, John Wiley and Sons Press, 1996.

五 外文论文

Arnorsson, S. , "Application of the Silica Geothermometer in Low Temperature Hydrothermal Areas in Iceland", *American Journal of Science*, Vol. 275, No. 7, 1975.

Beh, A. , Bruyere, B. L. , "Segmentation by Visitor Motivation in Three Kenyan National Reserves", *Tourism Management*, Vol. 28, No. 6, 2007.

Cha, S. , McCleary, K. W. , Uysal, M. , "Travel Motivations of Japanese Overseas Travelers: A Factor-cluster Segmentation Approach", *Journal of Travel Research*, Vol. 34, No. 1, 1995.

Choi, T. , Chu, R. K. S. , "Association Planner's Satisfaction: An Application of Importance-Performance Analysis", *Journal of Convention and Exhibition Management*, Vol. 2, No. 2 – 3, 2000.

Deng, J. , King, B. , Bauer, T. , "Evaluating Natural Attractions for Tourism", *Annals of Tourism Research*, Vol. 29, No. 2, 2002.

Dilsiz, C. , "Conceptual Hydrodynamic Model of the Pamukkale Hydrothermal Field, Southwestern Turkey, Based on Hydrochemical and Isotopic Data", *Hydrogeology Journal*, Vol. 14, No. 4, 2006.

Dimond, R. E. , Harris, C. , "Oxygen and Hydrogen Isotope Geochemistry of Thermal Springs of the Western Cape, South Africa: Recharge at High Altitude?", *Journal of African Earth Sciences*, Vol. 31, No. 3 – 4, 2000.

Dotsika, E. , Leontiadis, I. , Poutoukis, D. , et al, "Fluid Geochemistry of the Chios Geothermal Area, Chios Island, Greece", *Journal of Volcanology and Geothermal Research*, Vol. 154, No. 3 – 4, 2006.

Enright, M. J. , Newton, J. , "Tourism Destination Competitiveness: A Quantitative Approach", *Tourism Management*, Vol. 25, No. 6, 2004.

Evans, M. R. , Chon, K. , "Formulating and Evaluating Tourism Policy Using Importance Performance Analysis", *Hospitality Education and Research Journal*, Vol. 13, No. 3, 1989.

Fournier, R. O. , Truesdell, A. H. , "An Empirical Na-K-Ca Geothermometer for Natural Waters", *Geochimica et Cosmochimica Acta*, Vol. 37, 1973.

Fournier, R. O. , "Subility of Amorphous Silica in Water at High Temperatures and High-pressures", *American Mineral*, Vol. 62, 1977.

Francisco Javier Blancas, Mercedes González, Macarena Lozano-Oyola, et al. "The Assessment of Sustainable Tourism: Application to Spanish Coastal Destinations", *Ecological Indicators*, Vol. 10, No. 2, 2010.

Gemici, Ü. , Tarcan, G. , "Hydrogeochemistry of the Simav Geothermal Field, Western Anatolia, Turkey", *Journal of Volcanology and Geothermal Research*, Vol. 116, No. 3 – 4, 2002.

Giggenbach, W. F. , "Isotopic Shift in Waters from Geothermal and Volcanic Systems Along Convergent Plate Boundaries and Their Origin", *Earth and Planetary Science Letters*, Vol. 113, No. 4, 1992.

Giggenbach, W. F. , "Geothermal Solute Equilibria Derivation of Na-K-Mg-Ca Geoindicators", *Geochimica et Cosmochimica Acta*, Vol. 52, No 12, 1988.

Green, H. , Hunter, C. , Moore, B. , "Application of the Delphi Technique in Tourism", *Annals of Tourism Research*, Vol. 17, No. 2, 1990.

Ibrahim Can, "A New Improved Na/K Geothermometer by Artificial Neural Networks", *Geothermics*, No 6, 2002.

Iso-Ahola, S., "Toward a Social Psychological Theory of Tourism Motivation: A Rejoinder", *Annals of Tourism Research*, Vol. 9, No. 2, 1982.

Koh, Y., Choi, B., Yun, S., et al., "Origin and Evolution of Two Contrasting Thermal Groundwaters (CO_2-Rich and Alkaline) in the Jungwon Area, South Korea: Hydrochemical and Isotopic Evidence", *Journal of Volcanology and Geothermal Research*, Vol. 178, No. 4, 2008.

Lauris, L. M., "Backpackers in Australia: A Motivation Based Segmentation Study", *Journal of Travel and Tourism Marketing*, Vol. 5, No. 4, 1997.

Loverseed-H., "Health and Spa Tourism in North America", *Travel and Tourism Analyst*, No. 1, 1998.

Mansvelt, J., "Tourism Today: A Geographical Analysis by Douglas Pearce", *New Zealand Geographer*, Vol. 54, No. 2, 1998.

Matzler, K., Bailom, F., Hinterhuber, H. H., et al., "The Asymmetric Relationship Between Attribute-Level Performance and Overall Customer Satisfaction: A Reconsideration of the Importance-Performance Analysis", *Industrial Marketing Management*, Vol. 33, No. 4, 2004.

Motyka, R. J., Nye, G. J., Turner, D. L., et al., "The Geyser Bight Geothermal Area, Umnak Island, Alaska", *Geothermics*, Vol. 22, No. 4, 1993.

Möller, P., Dulski, P., Savascin, Y., et al., "Rare Earth Elements, Yttrium and Pb Isotope Ratios in Thermal Spring and Well Waters of West Anatolia, Turkey: A Hydrochemical Study of Their Origin", *Chemical Geology*, Vol. 206, No. 1 – 2, 2004.

Park, D. B., Yoon, Y. S., "Segmentation by Motivation in Rural Tourism: A Korean Case Study", *Tourism Management*, Vol. 30, No. 1, 2009.

Pastorelli, S., Marini, L., Hunziker, J. C., "Chemistry Isotope Values (δD, $\delta^{18}O$, $\delta^{34}Sso4$) and Temperatures of the Water Inflows in Two

Gotthard Tunnels, Swiss Alps ", *Applied Geochemistry*, Vol. 16, No. 6, 2001.

Phillips, M. R. , House, C. , "An Evaluation of Priorities for Beach Tourism: Case Studies from South Wales, UK", *Tourism Management*, Vol. 30, No. 2, 2009.

Priskin, J. , "Assessment of Natural Resources for Nature-based Tourism: the Case of the Central Coast Region of Western Australia", *Tourism Management*, Vol. 22, No. 6, 2001.

Samsudin, A. R. , et al. , "Thermal Springs of Malaysia and Their Potential Development", *Journal of Earth Sciences*, Vol. 15, No. 2 – 3, 1997.

Sarigöllü, E. , Huang, R. , "Benefits Segmentation of Visitors to Latin America", *Journal of Travel Research*, Vol. 43, No. 3, 2005.

Sepúlveda, F. , Dorsch, K. , Lahsen, A. , et al. , "Chemical and Isotopic Composition of Geothermal Discharges from the Puyehue-Cordon Caulle Area (40. 5° S), Southern Chile", *Geothermics*, Vol. 33, No. 5, 2004.

Towner, J. , " What is Tourism's History?", *Tourism Management*, Vol. 16, No. 5, 1995.

Uysal, M. , Chen, J. S. , Williams, D. R. , "Increasing State Market Share Through a Regional Positioning", *Tourism Management*, Vol. 21, No. 1, 2000.

Zhang, H. Q. , Lam, T. , "An Analysis of Mainland Chinese Visitors' Motivations to Visit Hong Kong", *Tourism Management*, Vol. 20, No. 5, 1999.

附　　录

温泉旅游资源开发时序评价专家咨询调查问卷

尊敬的_____老师：

　　非常感谢您能在百忙中抽空填写本调查问卷！本人正做甘肃温泉旅游资源开发序位评价方面的研究，需要确定评价指标体系的各因子权重，请您对模型中的各指标权重进行打分。如果您对模型中的指标有异议，恳请您能提出宝贵的意见。

　　鉴于您在该领域的研究水平和权威性，您的判断将会对旅游地开发时序评价提供正确的方向。评价模型和打分表在附件中，您填写在矩阵的上三角即可。您能抽出宝贵的时间打分，我将不胜感激。静待佳音。

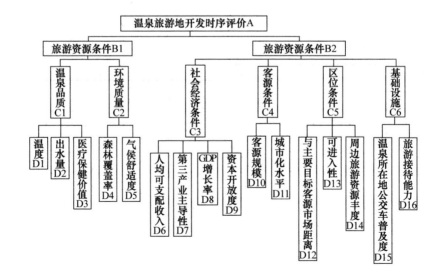

数值表示	9	7	5	3	1	1/3	1/5	1/7	1/9
相对重要 性比较	绝对 重要	强烈 重要	明显 重要	稍微 重要	一样 重要	稍不 重要	不重 要	很不 重要	极不 重要

2、4、6、8、1/2、1/4、1/6、1/8 表示介于中间状态。

请填以下表格。

A	B1	B2
B1	1	
B2		1

B1	C1	C2
C1	1	
C2		1

B2	C3	C4	C5	C6
C3	1			
C4		1		
C5			1	
C6				1

C1	D1	D2	D3
D1	1		
D2		1	
D3			1

C2	D4	D5
D4	1	
D5		1

C3	D6	D7	D8	D9
D6	1			
D7		1		
D8			1	
D9				1

C4	D10	D11
D10	1	
D11		1

C5	D12	D13	D14
D12	1		
D13		1	
D14			1

C6	D15	D16
D15	1	
D16		1

温泉游客旅游行为调查问卷

发放区域＿＿＿＿＿　　发放时间＿＿＿＿＿　　问卷编号＿＿＿＿＿

亲爱的游客：

　　您好！首先，十分感谢您抽空参与本问卷之填答。这是一份学术问卷调查，目的在于了解温泉游客的行为，您的意见将成为改善温泉旅游发展水平的重要依据，期盼您能详细阅读，诚实作答。本调查表为匿名填写，您的意见绝对保密。在此，由衷感谢您的合作与协助！

兰州大学资源环境学院

　　第一部分：以下是一些来温泉度假可能的动机，请您在下列的每一项中根据符合您的程度，在相应的空格中打"√"。（每一项都要打）

旅游动机描述	非常重要	较重要	一般	较不重要	非常不重要
欣赏自然风光					
康复疗养					
放松身心，充分休息					
享受宜人气候，亲近大自然					
强身健体					
会务、公务、商务旅游					
和家人一起度过快乐时光					
了解温泉，开阔眼界					
增进友情					
护肤美容					
逃避日常生活烦扰					
结交新朋友					
享受高档设施					
体验当地文化和生活方式					
享受按摩					
丰富人生经历，获得成就感					
购物					

　　第二部分：请将符合您的选项代号填入括号中。（如无可选项，可自填您的答案在画线部分）

1. 您对温泉旅游的了解途径是（　　　）

A. 报纸杂志

B. 旅行社

C. 亲戚朋友

D. 影视广播

E. 旅游宣传材料

F. 互联网

G. 其他_____

2. 和您一起温泉旅游的同行者是（　　　）

A. 和朋友结伴

B. 和家人在一起

C. 单位同事

D. 参加旅行团

E. 独自一人

F. 其他_____

3. 您出行时的交通工具是（　　　）

A. 公共汽车

B. 自备车

C. 出租车

D. 摩托车

E. 火车

F. 其他_____

4. 这是您第（　　　）次来温泉度假村

A. 第一次

B. 第二次

C. 第三次

D. 第四次

E. 四次以上

5. 您计划在温泉度假村待多久（　　　）

A. 半天

B. 1—2 天

C. 3—4 天

D. 5—7 天

E. 7 天以上

6. 您来温泉旅游，所能承受的人均旅游总花费是（　　　）元

A. ≤100

B. 101—600

C. 601—1500

D. 1501—2500

E. 2501—3500

F. ≥3501

7. 您所选择的住宿地是（　　　）

A. 度假村内宾馆/温泉宾馆

B. 市/县内宾馆

C. 旅社或农家旅馆

D. 别墅

E. 亲戚朋友家

F. 其他_____

8. 您本次出游已经去过，或者还要去的地方有（　　　）（可多选）

A. 天水麦积山

B. 平凉崆峒山

C. 天水伏羲庙

D. 泾川王母宫

E. 泾川南石窟

F. 赵充国陵园

G. 榜罗镇会议纪念馆

H. 其他_____

第三部分：了解您对温泉旅游资源、设施活动、服务管理的重视程度和体验后的满意程度。

	重视程度					满意程度				
	非常不重要	不重要	一般	重要	非常重要	非常不满意	不满意	一般	满意	非常满意
一、温泉资源										
温泉水质	□	□	□	□	□	□	□	□	□	□
泡温泉环境卫生	□	□	□	□	□	□	□	□	□	□
温泉地文化氛围	□	□	□	□	□	□	□	□	□	□
气候环境	□	□	□	□	□	□	□	□	□	□
周边景点开发	□	□	□	□	□	□	□	□	□	□
二、设施与活动										
餐饮特色	□	□	□	□	□	□	□	□	□	□
住宿舒适性	□	□	□	□	□	□	□	□	□	□
交通便捷性	□	□	□	□	□	□	□	□	□	□
保健疗养设施多样性	□	□	□	□	□	□	□	□	□	□
保健疗养设施的安全性	□	□	□	□	□	□	□	□	□	□
娱乐项目的丰富程度	□	□	□	□	□	□	□	□	□	□
旅游购物品种类和质量	□	□	□	□	□	□	□	□	□	□
三、管理与服务										
洗浴价格	□	□	□	□	□	□	□	□	□	□
住宿价格	□	□	□	□	□	□	□	□	□	□
服务态度和效率	□	□	□	□	□	□	□	□	□	□
解说与教育	□	□	□	□	□	□	□	□	□	□
景点介绍宣传	□	□	□	□	□	□	□	□	□	□
当地居民态度	□	□	□	□	□	□	□	□	□	□

　　第四部分：了解您的游后意愿。请将符合您的选项代号填入括弧中。（如无正确选项，可将您的答案填在画线部分）

　　1. 总体上，你对此次温泉度假经历评价如何（　　　）

　　A. 非常满意

　　B. 较满意

　　C. 一般

　　D. 较不满意

　　E. 非常不满意

　　2. 您会重新来此地度假旅游吗（　　　）

　　A. 肯定会

　　B. 有可能

　　C. 不确定

　　D. 不大可能

　　E. 肯定不会

　　3. 您会向您的亲戚朋友推荐来此目的地度假旅游吗（　　　）

　　A. 肯定会

　　B. 有可能

　　C. 不确定

　　D. 不大可能

　　E. 肯定不会

　　4. 除了温泉项目外，您觉得还须增加哪些活动或娱乐项目（　　　）（可多选）

　　A. 享受个性化温泉浴（牛奶浴等）

　　B. 体验周边农家乐

　　C. 观看民族歌舞表演

　　D. 享用当地特色美食

　　E. 参与健身设施

　　F. 其他_____

　　5. 您对温泉度假村的发展有什么意见和建议？

_____

_____

第五部分：您的基本情况

请问您来自哪里？ _____省/自治区/直辖市_____市/县

性别	□男　　　　□女
年龄（岁）	□≤16　□17—25　□26—40　□41—60　□≥61
受教育程度	□初中及以下　□高中、中专　□大专、本科　□研究生
职业	□机关/企事业中高级职员　□机关/企事业一般职员　□专业技术人员 □商业服务人员　□个体/自由职业者　□学生/未成年人　□离退休人员
月平均收入（元）	□≤1000　□1001—2000　□2001—4000　□4001—7000　□>7000
家庭结构	□单身　□已婚无孩　□单身有孩　□已婚且孩子18岁以下　□已婚且孩子18岁以上　□其他

问卷到此结束，非常感谢您的合作，祝您旅途愉快！